ベランダで楽しむ！

おいしい
コンテナ野菜づくり
成功のポイント70

ふじえりこ 著

はじめに

植物を育てることは、老若男女を問わずストレスの緩和にも役立つのだとか。そこでオススメしたいのが、ガーデニング（園芸）です。しかし、都会では広い庭を持つことはとても難しいものです。そのため、ベランダ・バルコニー・テラスなどで、コンテナ（鉢）や袋を使って植物を育てることになります。

本書は、２０１１年の初版『ベランダ菜園』に筆者の園芸経験（多くの失敗！）からベランダなどでの植物を育て方や管理のキホン、育てやすい野菜類をプラスし、さらにわかりやくまとめさせて頂きました。

もちろん、本書の通りに育てても上手くいかない時もあります。その時は、同じ植物でも違う品種を選んだり、植える土、肥料や水の与え方などを自分なりに工夫してみてください。そうすることで同じ植物でもスクスク育つ場合もあると思います。

園芸（植物の育て方）は、十人十色、正解はありません。本書をヒントに、自分なりの園芸ライフを探して頂ければと思います。

本書の改訂版を制作するにあたり、デザイナー、編集者、メイツユニバーサルコンテンツの方々、印刷会社、販売書店の方々に感謝します。そして、なによりも多くの園芸本の中からこの１冊を手にして頂いたあなたに心から「ありがとう」をお伝えします。

グリーンアドバイザー／植物愛好家　ふじえりこ

注意：本書では、バルコニー・ルーフバルコニー、テラスも総称としてベランダと言う言葉を使用しております。

※本書は2011年発行の『もっと楽しく！本格的に！　ベランダ菜園 おいしい野菜づくりのポイント70』を元に加筆・修正を行っています。

CONTENTS

ベランダ整備とマナー

植物の管理のコツ

[収穫適期の目安]

本書では、収穫適期の季節を以下に設定し記載しています。

3・4・5月……春
6・7・8月……夏
9・10・11月……秋
12・1・2月……冬

植物を育てるキホン

野菜を育てるⅠ ～実を食べる～

野菜を育てるⅡ　～葉を食べる～

野菜を育てるⅢ　～地下部を食べる～

資料編

1-19

ベランダ整備とマナー

1 野菜作りに適したベランダにする

こんな悩みに コンテナを置く場所が限られている／ベランダ菜園の景観も意識したい　など

あると便利 トレリス、コンテナ台、スノコ

Point! 園芸用グッズなどを活用し、管理しやすい場所で上手に育てましょう。

コツ1 排水や、風の流れをチェックする

コンテナは日当たりのよい場所に置くことが最も重要ですが、管理しやすいベランダになるよう工夫することも大切。ベランダの形状や構造はもちろん、エアコン室外機の排気位置、排水溝の位置や状態、水の流れ方などもチェックしましょう。

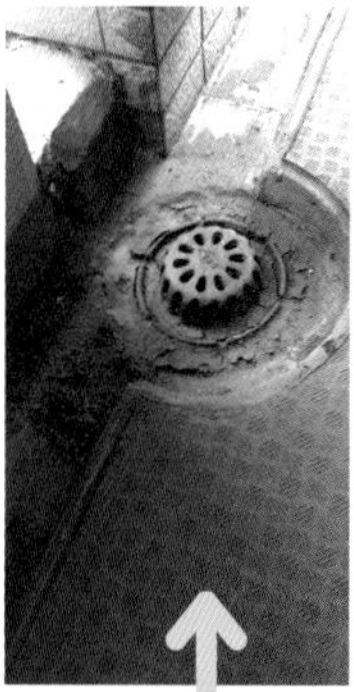

排水溝の詰まりなどを定期的にチェック。

○ Good! 2階から上なら、防水用シートを敷く、落下防止のためのネットを張るなど、階下への配慮も忘れずに。

Check!

- □ ベランダの構造や形状を把握したうえで、菜園の演出法、管理法を考える。
- □ 室外機の上など、空いている空間を有効活用。

コツのコツ トレリスを使って壁面を有効利用

トレリスとは木材や金属でできた格子垣のこと。つる性の植物を誘引したり、ハンギングタイプのコンテナを架けたりすることができ、壁面を使っていろいろな野菜や花が楽しめます。

スペースに合わせて調整できる折り畳み式がオススメ。

コツ2 タイプに合わせた管理を

植物を育てようとする場所がどんな場所なのかを考えて管理することが大切です。

【ベランダ】　部屋から外側に張り出し屋根があるスペース。そのため、ベランダの向きにより、日当たりの状況に違いがあります。雨もかかりにくいので、水やりを忘れずに。

【バルコニー】　部屋から外側に張り出し屋根がないスペース。日当たりがよく、雨がかかる場所。

【ルーフバルコニー】　上の階の床が庇になっているスペース。雨もかかりにくいので、水やりを忘れずに。

【テラス】　1階部分に建物から突き出しているスペース。地植えはできないので、庭ではなくこの名で呼ばれます。季節により雨を意識しましょう。

もっと育てやすいベランダに！

❶手すりの構造や、利用できるスペースをチェックする。

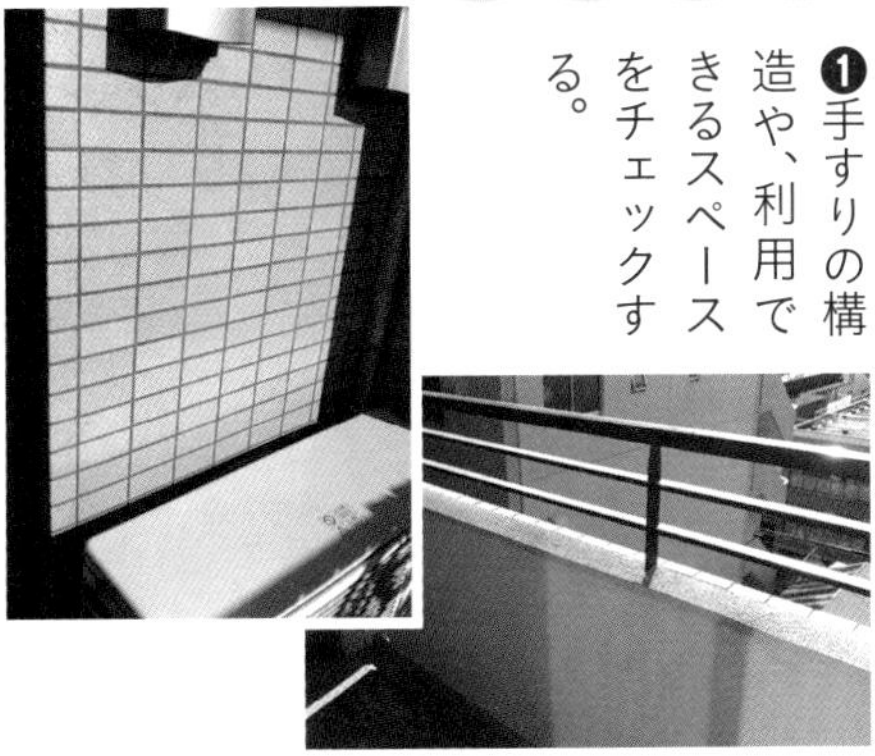

❷床部分にスノコやウッドパネル、人工芝などを敷く。照り返し対策になるうえ、見た目もナチュラルな菜園に。

ベランダの多くは照り返しが強いので対策を。

●風が強いベランダの場合は風よけをする工夫も大切になる。

どの方向から強い風が吹いて来るのかを考える。

よしずや風よけなどを利用する。

強い風でも飛ばないようにしっかり固定を

2

ベランダでのマナーを守る

こんな悩みに　住民トラブルを避けたい

あると便利　落下防止用ネット、大型のベランダ用収納ボックス

Point!

階下やお隣などとトラブルにならないよう、マナーを守ることが鉄則。

コツ1 整理整頓を心がける

菜園のデザインや日当たりも大切ですが、集合住宅には消防基準法に基づく緊急避難用設備があります。

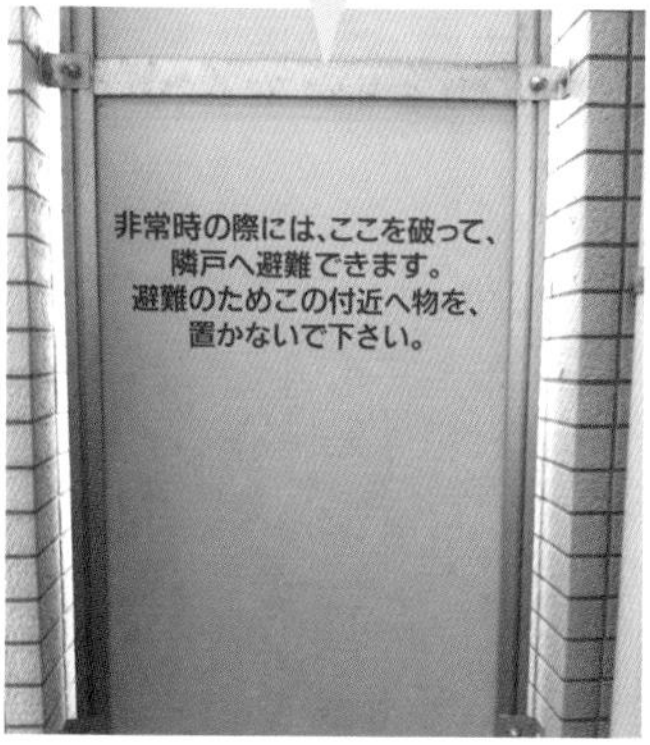

非常時の際には、ここを破って、隣戸へ避難できます。避難のためこの付近へ物を、置かないで下さい。

グッズもこまめに片づけて避難通路を確保。

いざという時に慌てず避難できるよう、設備の周辺にはモノを置かない習慣をつけましょう。お隣や上下階とつながっている避難用扉は、絶対にふさがないようにしましょう。避難の邪魔になるような小物も置かないように。

コツ2 定期的にチェックする

集合住宅のベランダは半共有スペースです。組合ごとに管理規約があるので、きちんと守りましょう。ベランダの上部から手すりの内側に落下防止用のネットを張ることも大切。

戸建て住宅に隣接している場合は、戸建ての屋根や電気配線部分に水滴などが落ちないよう注意。

月日がたつと管理が行き届かなくなることがあるので、定期的にチェックしてトラブルを防ぎましょう。

Check!

- □ 緊急避難用設備の周辺には、コンテナを置かない。
- □ ハンギングタイプのコンテナは、手すりの内側で使用する。

3 安全管理を心がける

こんな悩みに 小さな子どもがいる場合はどうすれば安全／ベランダからの転落などが心配

あると便利 カギのかかる収納庫

Point!

薬剤などは鍵のかかる場所などに収納を！

コツ1 高さを確保する

小さな子どもは好奇心旺盛。一番注意したいのは、ベランダからの転落事故ではないでしょうか。そのため、家庭には一緒に暮らす子どもがいない場合でも、子どもが遊びに来ることがある場合には作業台やフラワースタンド、ラックなどは高さを考慮しましょう。思わぬ事故を防ぐためにも、万が一のぼってしまっても、手すりなどから頭が出ない高さにすることが大切です。

子どもがいる場合は、作業台などはのぼる危険があるので設置しない！

コツ2 薬剤の誤食に注意

ベランダ菜園で使う肥料や農薬は、誤飲誤食を防ぐため、手の届かない場所に保管しましょう。万が一、誤飲誤食した場合には、食べたと思われるものを持って、すぐに病院へ。

なお、ペレット（粒状）のものは誤食しやすいので使用を避けましょう。

Check!

- □ コンテナから手すりまでの高さは、120cm以上を確保する。
- □ 薬剤の容器は手の届かない場所に保管。粒状の薬剤は使わない。

コンテナ管理のコツを身につける

こんな悩みに　コンテナで上手に育てるポイントがわからない

あると便利　スノコ、コンテナ台、液肥など

Point!

よりうまく育てるには、コンテナと地植えの違いを意識することが大切。

コツ1 庭や畑よりもまめに管理する

庭や畑は、土に水や養分がたっぷり。そんな環境で育つ植物は根を十分に広げることができるので、水分や養分を必要なだけ吸収できます。

いっぽうベランダはコンテナでしか育てることができない環境。一定の量の土でしか育てられないので、水分や養分（肥料）を常に補給する必要があります。

地植えの庭や畑とは違う

✕ Bad!

十分に根を張れる大きさのコンテナで育てないと、元気に育たない。

コツのコツ 地植えからの植え替えを避ける

庭や畑で元気に育っていた植物をベランダでのコンテナ栽培に切り替えたとたんに枯れてしまうことがあります。人間が一戸建てから集合住宅に移る時と似ていて、植物も急激な環境変化がストレスに。人から譲り受けるなら、できるだけ似た環境で育ったものがよいでしょう。

Check!

- □ 同じ野菜でも地植えの栽培法とコンテナの栽培法は異なる。
- □ ベランダは地植えよりも地温が上がりやすいので注意する。

コツ2

ベランダ菜園の長所と短所をつかむ

庭や畑で育つ植物と違い、根の広がりが制限されるコンテナや袋での栽培ですが、一方で、土の水分や肥料などを人工的にコントロールしやすいという利点があります。

また同時に、大雨や台風時には簡単に移動させることもできるためダメージから守りやすい利点もあります。

✕ Bad!

コンクリートなどの照り返しで、地温が上昇。吸収できる水分が限られるため乾燥しやすく、それによって葉ダニが発生しやすくなるので、対策が必要。

MEMO

うまく育たない時は、ベランダのどの場所でどんな植物を、どんなコンテナで育てるとうまくいくのか、いくつぐらいのコンテナを置けばいいかなどの見直しを。

SOSはココをチェック

●植物の成長がいまひとつの時は、まずコンテナ内の土の状況をチェックすること。

土の表面が硬くなっている場合は表面を軽くほぐすとよい。また、鉢底から根が出ている場合は植え替えのサインなので早めに一回り大きな鉢に植え替えをする。

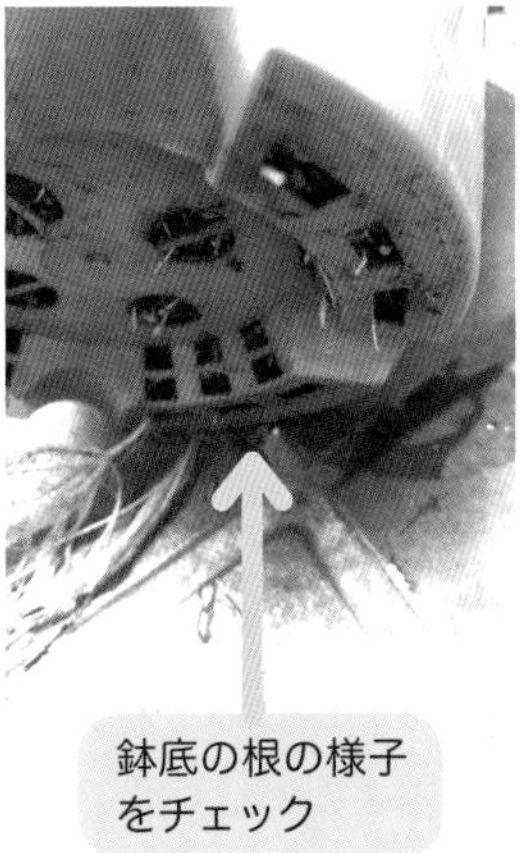

土の表面をチェック

●日々の観察では植物を葉の色の変化や虫食いなどを見逃さないようにしましょう。成長期なのに葉が黄色くなったり、白くなった場合は要注意。

白く粉が吹いたようになった時は多くはうどん粉病。早めに殺菌剤を。

葉の色艶が急に悪くなったら肥料不足や肥料の与え過ぎかも

5 コンテナの特徴を知って選ぶ

こんな悩みに 大きさや材質など、コンテナ選びのポイントがよくわからない

あると便利 各種のコンテナ、メジャー、鉢底ネット

Point!

デザインで選びがちなコンテナですが、環境に合う素材かどうかも考慮して。

コツ1 育てる環境と育てる野菜から考える

コンテナとは、植物を栽培するための植木鉢やプランターなどの容器全般の総称です。色や形などのデザインで選んでしまいがちですが、育てる環境や、育てる野菜から素材や大きさを考えることがとても大切。

素材は保水性、保温性、通気性、重さ（扱いやすさ）などを考えて選びましょう。ベランダの環境を把握したうえで決めると、より管理しやすい環境に近づけることができます。

○ Good!

植物が十分に根を張ることができるよう、育てたい野菜に合った大きさと深さを考えることが成功の秘訣。

Check!

- □ どのような素材があり、どのような特性があるかを把握する。
- □ 環境に合わせて素材を考慮し、より管理しやすい菜園にする。

コツのコツ エコを意識するなら木製や紙製の素材

最終的にコンテナを処分する時のことまで考えるなら、木製や紙製のコンテナで栽培する方法もあります。

どちらも保水性を高めるため、土はやや湿り気味になります。木製コンテナは熱を伝えにくいので、外気に影響されにくいという特性があります。

コツ2

素材ごとの特性を把握する

【プラスチック】 とにかく軽いのが特徴。また、外気を通すことがないため、保水性に優れています。しかし、コンテナ内の温度は外気温の影響を受けやすく、真夏などは注意が必要です。

- 保水力抜群。
- 軽量で移動しやすい。
- 寿命は約2年。

【素焼き・テラコッタ】 通気性があるため水分の蒸発が早く、土が乾きやすくなります。風などで倒れると割れることがあるうえ、大型のものは重いので、ベランダで使用する場合は扱いに注意しましょう。

- 通気性がよい。
- 土が乾きやすい。
- 外気温の影響を受けにくい。

コンテナの選び方

陶器やテラコッタ製のものはとてもオシャレ！

●インスタ映えを考えて、オシャレなコンテナで育てたい！ しかし、あまり重たいコンテナはベランダによっては重さで落ちてしまうこともあるので要注意。

MEMO

コンテナに入る土の量の目安は…
4号鉢（直径12cm）
➡ 約0.6ℓ
5号鉢（直径15cm）
➡ 約1.3ℓ
6号鉢（直径18cm）
➡ 約2.2ℓ
プランター（幅65cm）
➡ 約12～13ℓ

●プラステック素材でもデザイン性が高いものは数多くある。好みのものを探すのも良い。

定番素焼き鉢

野菜専用のものも！

自然素材のように見えるものもある。

紙製のコンテナなどもある。

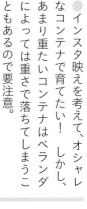

6 コンテナと植物の関係を知る

こんな悩みに 野菜のコンテナ栽培がうまくいかない／野菜に合うコンテナがわからない

あると便利 支柱立てつきのコンテナなど

Point!

どんな植物も土がたっぷりある環境を好むということを忘れずに。

コツ1 栽培法からコンテナを選ぶ

支柱立てが必要な野菜には、支柱立て用の穴が開いたコンテナが便利です。深さが必要な野菜には、コンテナのほか、大きな袋で深さ30～50㎝以上の環境を作り出すこともできます。

コツ2 草丈を目安に深さを決める

植物は、その草丈と同じくらい根が張るものと考え、コンテナの深さも育てる野菜の背丈を目安に。

深さがある大きめのコンテナなら、果菜や、ダイコンなどの大型野菜も育てることができます。

果菜・根菜は深さが重要。

コツのコツ コンテナの大きさと苗の関係を把握する

1つのコンテナで栽培できる苗の数は、コンテナの大きさによって決まります。たとえば直径30㎝の10号鉢を使う場合、茎やつるを伸ばすトマトやゴーヤ、葉を大きく広げるキャベツなどは基本的に1苗。ハーブなど株が小さいものなら3苗以上栽培できます。

Check!

- □ 育てる野菜の背丈と同じくらい根が張ることを考えて選ぶ。
- □ 生育期間が長いものを育てる場合は大きめのコンテナを。

コツ3 浅いコンテナは葉野菜に利用

ベランダのスペースや日の当たる場所が限られている場合は、ミニプランターやローボールなど、深さ10～15㎝程度の浅いコンテナを選ぶと葉菜類やハーブを中心とする菜園を楽しむことができます。

　サイズが小さなプランターでも、肥料の与え方を工夫すれば、大型野菜を育てることも可能です。

× Bad!

大きな実や、多くの実をつける野菜、地中に根を深く張るダイコン、ニンジンなどの根菜には、浅いコンテナは不向き。失敗なく育てるには深さのある大きなコンテナが必要となる。ベランダ菜園向きのミニ品種でも、ミニニンジンやミニダイコンなどの根菜類は、ある程度の深さがあるプランターを運ぶ。

コンテナの素材と大きさ

使い終わった容器も大活躍。

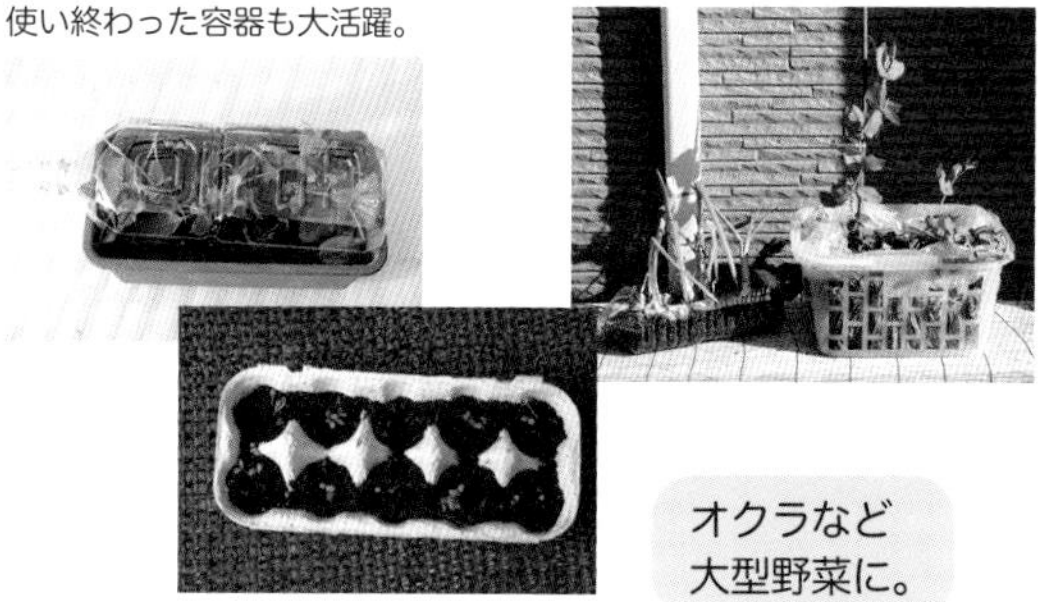

自然分解されるエコ素材は、容器ごと移植できる。

誘引が必要なら支柱立ての穴が開いたものを。

ミニハクサイ、
ベビーリーフなど。
葉菜類、ハーブ、
ミニ野菜などに。根が
大きくなるものは×。
さまざまな野菜に。
栽培期間が
長いものにも。
総重量を考えて。

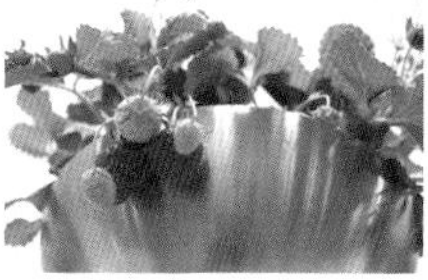

ハンギングタイプは手すりやトレリスに架けて。

貝がらなどでミニ栽培も！

市販の用土袋をそのまま使えば手軽。

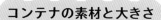

7 風の強さや日当たりなどをチェックする

こんな悩みに	マニュアル通りに栽培しているのに元気よく育たないなど
あると便利	照度計、温湿計

Point!

育てる環境をきちんと把握することが、ベランダ菜園成功の秘訣です！

コツ1 育てる野菜や方法は風の強さを考えて

集合住宅ではベランダの高さ（階数）や、手すり部分の形状（壁状か柵状かなど）によって風の強さが異なります。一般的に階数が高くなるほど風も強く、土が乾燥しやすくなったり、植物やコンテナが転倒しやすくなったりします。

一般的に6階から上は風が強い。

Good!

風の強さを考慮したうえで、育てる野菜や栽培方法を決めることがベランダ菜園の成功につながる。

Check!

- 6階以上のベランダでは、乾燥に強い野菜を選ぶ。
- 5階までなら何でも可。
- 日当たりと日照時間もチェック。

コツのコツ うまくいかないときは野菜の原産地をチェック

野菜の原産地を調べれば、栽培に適した気候帯を知ることができます。マニュアル通りに栽培してもうまくいかない時は、原産地を確かめてみるのもひとつの方法です。

ベランダ環境や栽培方法がその野菜に適しているかを見直すことで、解決できる可能性も。

コツ2 日当たりを考えて季節ごとに管理する

【東向きのベランダ】 日照時間は午前中に集中しますが、真夏の温度上昇や、乾燥はあまり気になりません。植物にとってはよい環境です。冬の水やりにはやや注意が必要。

【西向きのベランダ】 西日が強く温度が上昇しやすいため、葉焼けを起こしやすい真夏の管理に注意が必要です。冬場は夜間温度が下がりにくく、保温性が高くなります。

西日が当たるベランダは真夏の管理に注意。

【南向きのベランダ】 日当たりがとてもよく、冬場は風当たりが少なく霜の害もないでしょう。しかし、真夏の高温には注意。床面からの照り返しなどで日照が強くなりすぎる場合は、日陰に入れるなどして遮光を。

【北向きのベランダ】 一般的に一年を通して日照量が不足しがちになります。また、冬場は冷え込みが強くなります。できれば耐陰性植物を選ぶようにしましょう。

できれば耐陰性植物を。

MEMO

原産地からベランダ環境に合う野菜を選んでみては？ たとえば、比較的暖かいが風が強く乾燥しやすいベランダには、地中海気候型に属する原産地の植物などがオススメ！

ベランダの温度・湿度の測り方

❶ 温度計・湿度計を用意する。

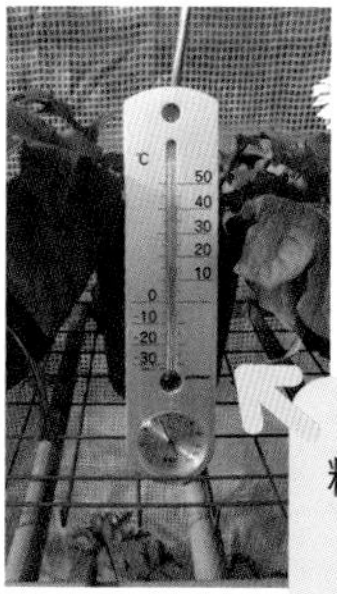

園芸用など、精度の確かな温湿計が理想的。

❷ 日当たりのいい場所を中心に、数カ所で温度と湿度を測る。

数カ所で計測し、メモしておくと便利。

❸ さらに、時間ごと(朝昼夕)、季節ごと(春夏秋冬)に測ってベランダ環境を把握する。環境に応じて遮光や防霜など、管理のしかたを工夫する。

8

強い日差しや照り返しは遮光する

こんな悩みに　夏の猛暑と日照りの対策はどうすればいい

あると便利　寒冷紗、よしず、ペットシート、サンシェードなど

Point!

強すぎる日差しや照り返しは野菜にダメージを与えやすいので対策を！

コツ1 強い日差しを避ける

地球温暖化の影響なのか、とにかく日差しが強くなっています。植物は太陽の光が大切とは言っても、強すぎるのは考えもの。やはり適度が一番です。

そこで、あまりに太陽の光が強すぎてしまうベランダなどではある程度遮光することも大切です。

寒冷紗や簾《すだれ》やよしず、サンシェードなどを利用することをオススメします。

また、日によって調整したい場合などは、寒冷紗とよしずを組み合わせて使うのもいいでしょう。

さらに水を含ませたペットシーツを敷くと効果的！

コツ2 苗は徐々に慣らす

日陰や室内で育てている植物や、葉の色素が薄い植物を、急に強い日光にさらすと、葉・茎・実の変色が起こりやすくなります。

同じ原因で、購入した野菜苗を日当たりのいいベランダにいきなり置くと、葉が茶色くなることもあります。

日陰で育てられていた購入苗は、半日陰の環境に慣らしてから、徐々に直射日光が当たる外の環境に慣れさせるようにするといいでしょう。

Check!

- □ 葉焼けを防ぐため、強い直射日光は遮光する。
- □ 日陰で育てられていた苗は、少しずつ慣らしてから日の当たる場所に移す。

9 防寒対策

こんな悩みに
北向きのベランダで温度が下がりやすい／冬越しがうまくいかない　など

あると便利
ビニール温室、ビニール袋、ペットボトル、発泡スチロールケース、アルミシート

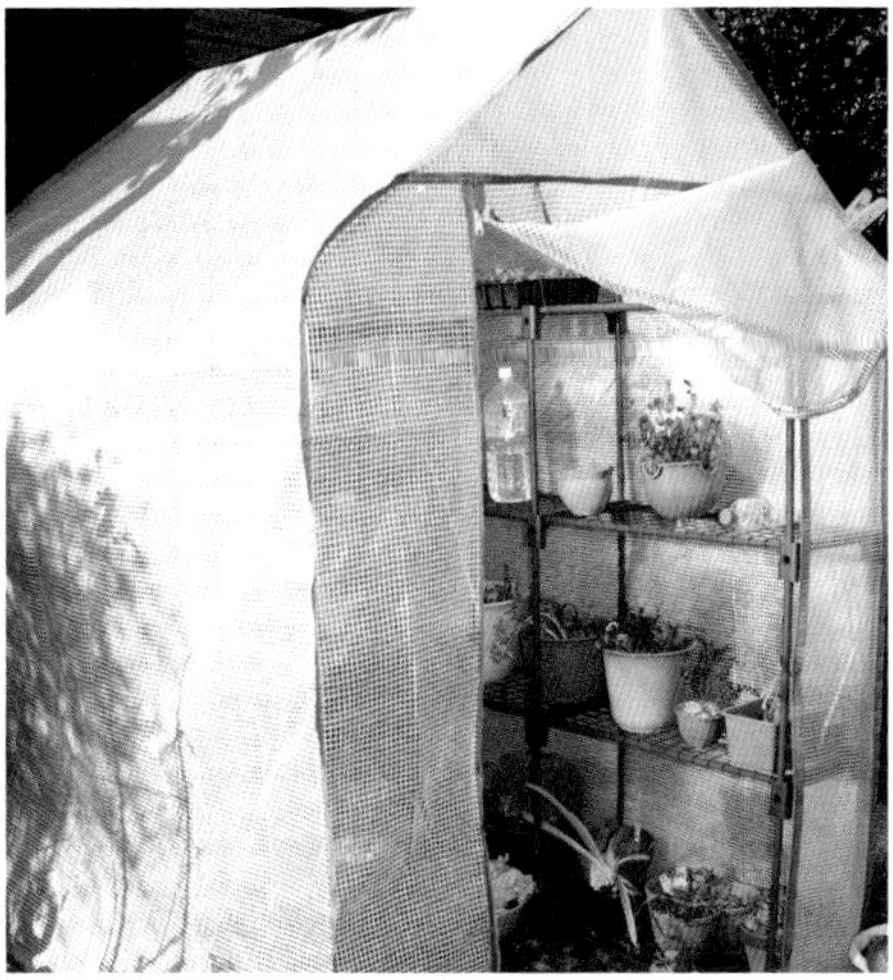

Point!
育てる野菜の生育適温に対してベランダの温度が低い場合は対策を！

コツ1 身近なモノを利用

多くの植物は0度以下では枯れてしまうことも少なくありません。これは、植物のカラダはほぼ水分でできているからです。そこで、夜間から明け方にかけて気温が低くなり霜の心配がある時や、雪が降りそうな場合は、ビニール温室や室内に取り込むようにしましょう。コンテナの数が多い場合には、ビニールやアルミシートを被せたり、発泡スチロールケースにいれるといいでしょう。

大きめの袋をかぶせるだけでもOK。

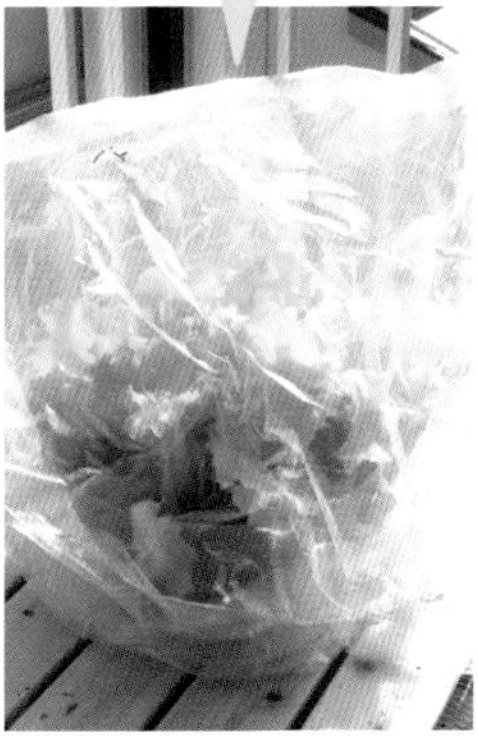

コツ2 生育適温と温度を確認

植物を上手に育てるためには、その植物の原産地の環境を知り整えることが一番です。その上で、その植物にあった土を用意し、置き場所を考えるといいでしょう。

また、植える季節、育てる季節は、その植物の生育適温に合わせるようにしたいものです。そのためにも、ベランダに温度は定期的に測定するようにしましょう。これは、地上とベランダでは温度差があるからです。

Check!

- □ 冬場の管理がうまくいかない時は、ベランダの温度と野菜の生育適温をチェック。
- □ ビニール温室などで防寒する。

10 台風・暴風に備えるには

こんな悩みに　台風や暴風が接近した場合の対処方法が知りたい

あると便利　固定用のひも、ペットボトル、ビニタイ、素焼き鉢

Point!

しっかり固定や横倒しで、転倒や落下を防止。

コツ1 台風情報をマメにチェック

年々大型化し、未曾有《みぞう》の被害を及ぼしている台風。台風接近のニュースを耳にしたら、コンテナは室内に取り込むことが一番です。風力が強い台風の場合には、コンテナがベランダから飛んでしまい近隣に迷惑をかけたり、通行人にケガをさせてしまう恐れもありますので注意したいものです。

室内に取り込むことができない場合には、横倒しにできるものは、横倒しにするようしましょう。また、素焼き鉢に重ねるのも一案。

鉢を二重にすることで重さを出す

コツ2 固定できるものは固定

風除け、よしずなどは強い風力に負けないように、ビニタイで何箇所も固定するだけでなく、水を入れたペットボトルを重りに使って押さえる工夫を。また、フラワースタンドやトレリスなどは大型台風の場合には、接近に合わせて室内に入れてしまう方が無難です。更に、ベランダのコンテナなどが飛んできても窓が割れないように雨戸やシャッターは早めに閉めるようにしましょう。

Check!

- ☐ ベランダにあるものは、できるだけ室内に取り込む。
- ☐ 固定できるものはビニタイなどでしっかり固定。

11 日当たりが悪いなら

こんな悩みに
日が当たる時間が少ない
日当たりのよい場所にはコンテナが置けない

あると便利
植物育成ライト、アルミシート、白いボードやシート

Point!
日照時間が限られていても、育てる野菜を選べば菜園が楽しめます。

コツ1 育てやすい野菜を選ぶ

ベランダの日当たりが悪い場合には、あまり日当たりを好まない植物を選んで育てるとよいでしょう。

植物の中には、実は木陰の方がスクスクと育つものもあります。

例えば、薬味の代表シソ、ミョウガ、サンショ、ハーブティーなどでよく使うミント類、レモンバームなどは半日陰でも育てることができますし、コンニャクイモ、モヤシやキノコ類などを育てるのもオススメです。

また、シェードガーデンでも使われるユキノシタ、その他多肉植物をプラスすることで個性的なベランダガーデンスペースになります。もちろん、ガーデニングアイテムやファニチャーを上手に配置するのも一案です。

コツ2 光を集める

日当たりにどうしてこだわりたいなら、アルミシート、白いボードやシートを使って光を集めたり、あるいは植物育成ライトなどを使うのもいいでしょう。

Check!
- モヤシやスプラウト、野草、山菜を育てる。
- 白いボードや銀色のシートなどをコンテナの後ろに置いて光を集める。

日差しが弱い冬場なども光を集める工夫を。

12

上手な水の与え方

こんな悩みに 水やりのタイミングがよくわからない

あると便利 割り箸、鹿沼土

Point!
園芸の世界では「水やり3年」と言われるほど。上達を目指しましょう。

コツ1 土が乾いたらたっぷりと与える

植物をコンテナで栽培するうえで最も重要なのが水やりです。基本は、コンテナ内の土が乾いたら、鉢底から流れるくらいしっかり与えること。

乾いたら底から流れるまでやるのが基本。

○ Good!
乾燥気味に管理するほうがよい野菜の場合も、1回に与える水を少なめにするのではなく、コンテナ内の土が乾いてから2~3日放置し、植物の水分保有量が少なめになったところで鉢底から流れるくらい水をたっぷり与えるのがコツ。

コツのコツ 土の乾燥チェックには割り箸が便利

最近はオシャレな水分チェック計が販売されていますが、割り箸や竹串を土にグッと差し込むだけでもOK。濡れたり湿ったりしなければ、用土が乾いているサインです。

ティースプーン1杯程度の鹿沼土を表土に混ぜ、鹿沼土の色で判断する方法もあります。

Check!

- □ タネまき・植え付け直後には必ず水を与える。
- □ 秋から冬は霜の心配がない午前中に。乾きやすい真夏は朝夕に水やりをする。

コツ2

ダメージの少ない時間帯に与える

【冬場】
・霜柱が見られる時期には、夕方に水を与えると夜間に凍結して根を傷める危険があるため、必ず午前中に与えるようにしましょう。
・水分でコンテナ内の温度が下がりすぎないように、コンテナを発泡スチロールのケースに入れたり、コンテナの表面に保温材などを巻きつける工夫をしましょう。

【夏場】
・日差しが強くなってくると、水やり後についた水滴がレンズの役目をして、葉の表面を焼いてダメージを与えてしまうことがあります。そのため、冬とは逆に、できるだけ朝早い時間に水を与えるようにしましょう。

水やりの基本を忘れずに！

ハス口の穴が細かく、穴に砂などが詰まらないよう、タンクと筒部にゴミよけがついているジョウロがベスト。

ハス口の穴が細かく、穴にゴミが詰まらない構造のものを。

土が乾いたら静かにやさしく水をかけ、鉢底から流れるまでたっぷりと。水滴が階下に落ちないよう注意し、強風時の水やりは避ける。

土に差した割り箸が濡れたり湿ったりしない時は水やりを。

野菜の成長に応じてジョウロのハス口を調節し、与える水の状態をコントロールする。上に向けると柔らかい水を与えることができる。ハス口を下に向けると強めの水を与えることができる。外すと水さしと同じ使い方ができる。

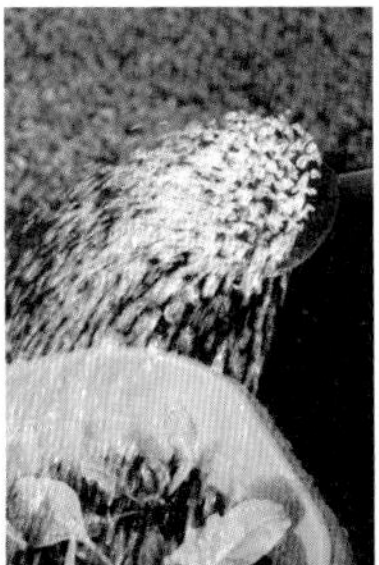

タネまき後などにはハス口を上に向けて。

生育中の苗床などにはハス口を下に向けて。

株元にたっぷり水を与えたい場合はハス口を外す。

13 旅行時などの水やり

こんな悩みに　3日以上の旅行の予定があるが、植物の水やりはどうすればいい

あると便利　自動水やり器（自動給水器）、ジェリーボール、ペットボトル、ペットシーツ、水苔、底面給水鉢、洗面器など

Point!
旅行などで留守にする時も、工夫すれば水不足を防ぐことができます。

コツ1 ペットボトルなどを活用

コンテナを移動することが可能なら、日当たりのよい風呂場なら水を入れ底面給水をさせておくのもいいでしょう。あると便利なのが、ペットボトルがあれば簡単に使うことができる給水ノズルなどです。ペットボトルの大きさによっては数日なら水やりの心配なし。

また、長期間の旅行の場合には、市販されている自動水やり器（自動給水器）などを上手に利用するのもいいでしょう。自動給水器は電動式、電池式などいろいろなタイプなネットなどで紹介されています。旅行の日数などから選ぶとよいでしょう。

100円アイテムでも販売されている！

コツ2 底面給水がラク

季節にもよりますが3日〜1週間程度の旅行などで水やりが心配。そんな時は、水を入れたコンテナを洗面やバケツなどにつけて置くといいでしょう。

また、真夏など日差し強く、乾燥しやすい時は、水苔やジェリーボールなどで表面の土を覆ったりすることも忘れずに。日頃から仕事の関係で出張が多いなら底面給水鉢を使って植物を育てることがオススメ。

Check!

- □ 旅行の日数によって方法を考える。
- □ 出張が多いなら、最初から底面給水鉢を利用する。

14 作業をもっとラクにする

こんな悩みに　水場がなくて水やりが大変
コンテナが重くて移動させることができない

あると便利　ガーデンシンク、キャスター付きの台や鉢カバー、作業台など

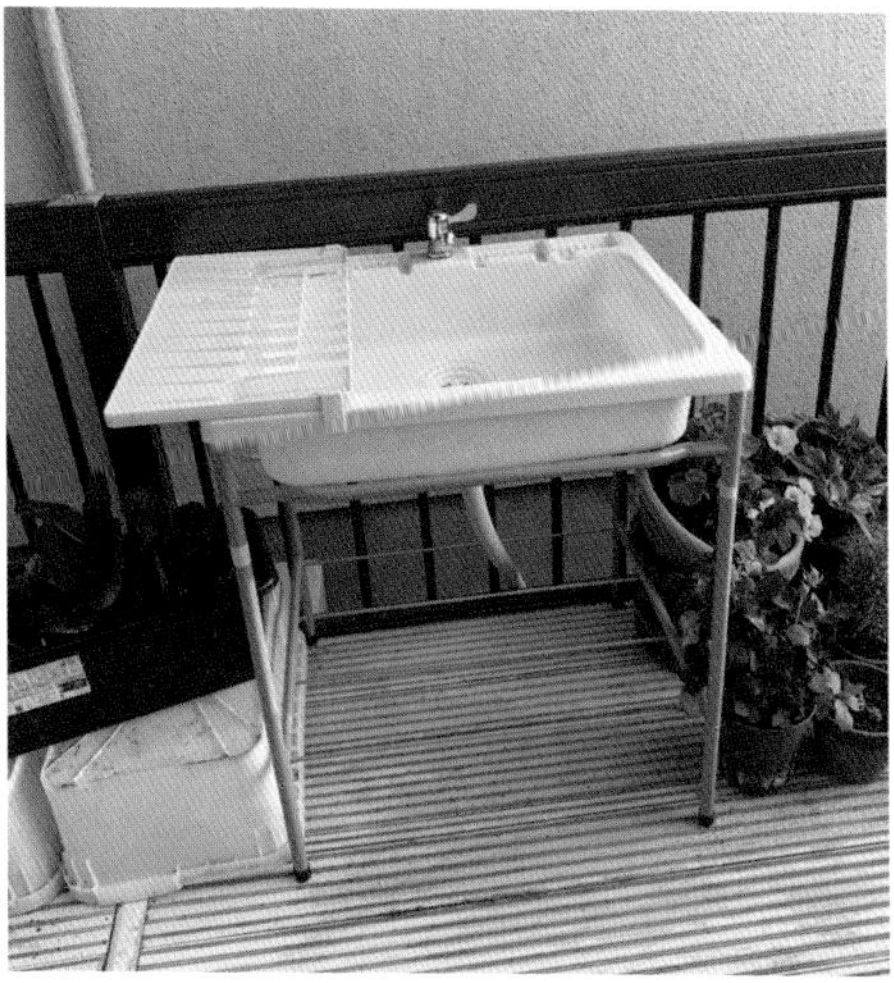

Point!
ベランダ菜園を長く楽しむためにも、作業ができるだけラクになる工夫を！

コツ1 作業はラクに行えるように

ベランダ菜園やガーデニングでは作業をラクに行う工夫が大切です。ベランダに水場がなく、室内から水を運ばなくてはならない場合などはガーデンシンクを取り付けると便利です。

ガーデンシンクは、価格的にもリーズナブルで自分でも簡単に組み立て、取り付けることができるものも数多くあります。その他、作業で膝をつくことが多い場合には膝あてを利用するのもいいでしょう。

膝当てで負担を軽減。

Check!
- ベランダに水場がないならガーデンシンクを。
- 重いコンテナなどは移動を考えキャスター付き台や鉢カバーを。

コツ2 可動式の台や作業台があると便利

中腰の作業で腰などに負担がかかる場合は、立った姿勢で作業ができるように作業台などを使うといいでしょう。

また、大きめのコンテナを利用する場合はキャスター付きの台や鉢カバーを用意することで植え付け後、栽培中の移動がラクになります。

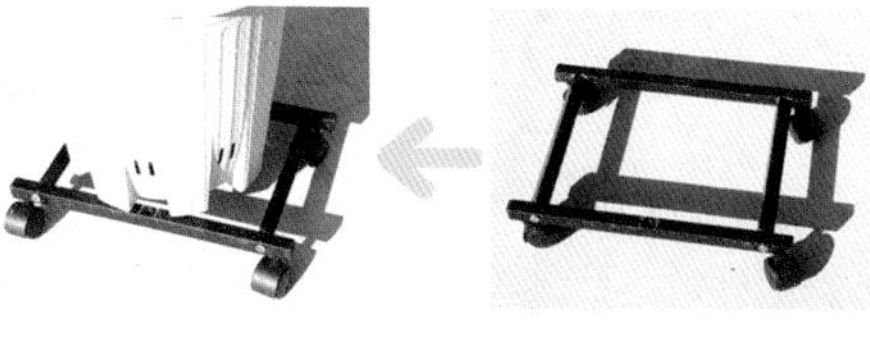

空きスペースを利用

こんな悩みに	ベランダが狭い／床面にコンテナを置くと日が当たりにくい
あると便利	トレリス、園芸用ネットなど

Point!

スペースにゆとりがない場合は、壁面や縦の空間を使って楽しみましょう。

コツ1 トレリスが便利

トレリスや園芸用ネットに絡んでいくゴーヤ、ヘチマなどのつる性の野菜、各種のマメ類なら壁面で栽培できます。支柱と支柱の間にネットを張って育ててもいいでしょう。

トレリスにホルダーを架けて使うと便利。

また、葉菜はトレリスに園芸マットやハンギングタイプのコンテナを設置して育てることも可能です。

コツ2 仕立て方も工夫する

スペースが限られている場合は、自分流の仕立て方を工夫して育てていくといいでしょう。

たとえばつる性のマメ類などは、朝顔の栽培によく使われるリング支柱を使って、あんどん仕立てにするのも一案です。

なお、つる性の植物はどんどん伸びるので、ベランダの外まで広がって近隣に迷惑にならないよう、こまめなメンテナスを心がけましょう。

Check!

- トレリスとハンギングタイプのコンテナで壁面をうまく使う。
- 支柱や園芸用ネットで、縦の空間を使って栽培する。

16 土袋を使ってそのまま育てる

こんな悩みに　コンテナで育て管理しているが生育が悪い／コンテナを探すのが面倒である

あると便利　市販の培養土（野菜の土など）、支柱、麻袋、専用プランター

Point!

育てたい野菜や葉菜類などに合わせた培養土を使うのがオススメ。

コツ1 育てる植物に合わせて土を選ぶ

袋のまま育てるため、育てる植物にあった土を選ぶことが大切。最近は、トマト、イチゴ、ジャガイモ、バラ、ブルーベリーなどは、その植物がより育ちやすく配合された土が販売されています。これは、植物によっては好む肥料配合などが異なるからです。

袋の底に排水用の穴を開けて手軽に栽培。

また、袋のまま育てることを前提に作られているものもあります。麻袋などを被せることでオシャレに見せることもできます。

コツ2 袋はその植物の根の状態で

袋のまま育てる場合は、育てる植物の根の張り方に合わせ袋の置き方を決めます。

草丈やツル伸び、実をつける野菜や、地下部を利用する野菜では袋はタテに使いましょう。

根が浅く横に広がるハーブ類やイチゴ、またミニ野菜を育てる場合は袋を横にしたり、平置きにしても使うことができます。

Check!

- □ 育てる植物によって支柱などを使う。
- □ 育てる植物によって培養土を決める。

17 身近なアイテムを使いこなす

こんな悩みに　ガーデニングをスタートしたいが、あまりお金はかけたくない

あると便利　使わなくなった容器、ペットボトル、ポンチ、リサイクルバサミ

Point!
身近なモノを利用すれば、いつでも手軽に菜園を楽しむことができます。

コツ1 タネまきに卵ケースを使う

タネまきや苗の育成には専用の用具が必要だと思い込みがちですが、身近なモノを使っても、上手に管理すれば十分に代用できます。

紙製の卵ケースなら、そのまま移植できる。

Good!
ペットボトル、タマゴパック、牛乳ケース、カップ麺の容器などは、タネをまく時に利用することができる。なかでも紙製のタマゴパックは発芽後、タマゴ1個分づつを切り離せば、そのまま移植することも可能。

Check!

- いつもは捨てている容器をコンテナとして再利用する。
- 100円ショップで売っているモノをフル活用する。

コツのコツ 麻袋でキュートに

土袋をそのまま使って栽培。でも、袋のままだとオシャレじゃない！　そんな時は、麻袋を被せるだけで、イメージチェンジ。麻袋以外でも、ビニールバッグや使わなくなったTシャツなどを被せても楽しめます。

コツ2 ペットボトルは使い方の工夫を

ペットボトルを利用することで、水やりいらずの底面給水鉢なども作ることが可能です。

また、水耕栽培用の容器やタネまき用コンテナなどに利用できる他、育てる野菜とペットボトルのサイズによっては風除けなどとしても使うことができます。ネットなどを検索すると多種多様な方法も紹介されていますので参考にしてみましょう。

トマトなども育てられる

コツ3 いろいろな容器を再利用する

捨ててしまう予定のポットややかん、鍋などはそのまま鉢カバーとして利用して利用したり、底にポンチなどを使って穴を開ければコンテナとしても使うこともできます。ベランダ菜園のアクセントとして使う場合には果実類や草花を植えることもオススメです。

クランベリーの鉢カバーとして

MEMO

ホールトマトやココナツミルクなどの空き缶も、栽培用コンテナとして再利用できます。缶底に排水用の穴を開けるだけで、普通のコンテナと同じように使えます。

水切りカゴを再利用

「隙間スペースを利用したい！」「家族の中に水やりが大好きな方がいる！」そんな時は、水切りカゴでリサクルコンテナを。水切りカゴの中に、水切りネットを入れ、土を入れたらＯＫ！

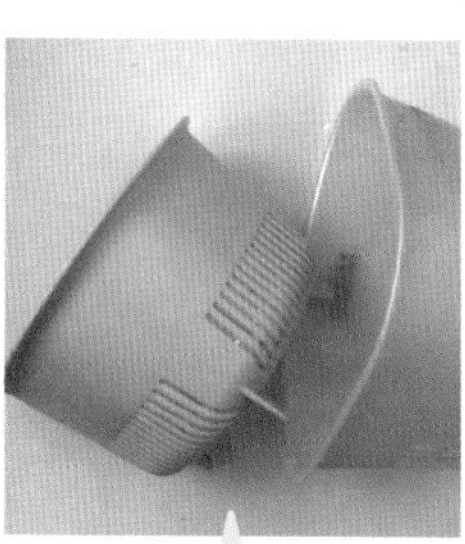
洗って再利用でも！

つい水を与えすぎて枯らしてしまう方や、乾燥を好む植物を育てる場合にも適したコンテナ。多肉植物、ハーブなどにも。

リボベジ(再生野菜)にも！

18 土いらずの水耕栽培

こんな悩みに
土を使うのがイヤ！
ベランダも庭もないので、
室内の窓辺で育てたい

あると便利
１００円アイテム、市販の水耕栽培アイテム、ペットボトル、液肥、ジェリーボール、スポンジ

Point!
市販の水耕栽培セットなどの利用がオススメ。

コツ1 栽培キットで始めるのが手軽

「ガーデニングには興味があるけど、土は触りたくない！」「室内の窓辺なので土は持ち込みたくない」そんな方にオススメしたいのが、土を使わない植物の栽培方法のひとつが水耕栽培です。手軽にスタートしたいならタネ、スポンジ、液肥などがセットされた市販のものがオススメです。最近では、日当たりの悪い室内でもスクスク育てることができるLEDライト付きのものもあります。

Good!
まずはお試し！　そんな方は、市販の水耕栽培セットを使わなくても、ペットボトル、スポンジなどを利用すれば、リーズナブルに楽しむこともできる。

コツのコツ ペットボトルがあればOK

水耕栽培セットには、タネ、肥料などがひとつに。上手に育てるには、発芽と生育適温に合わせた季節からスタートを。

Check!
- オススメは市販の水耕栽培セット。
- リーズナブルにスタートするならペットボトルや100円アイテムを。
- 方法を工夫すればいろいろな植物に適応可能！

コツ2

水耕栽培でリボベジを！

リボベジとは、リボーンベジタブル（再生野菜）の通称名です。今まで捨ててしまっていた野菜の根っこやヘタの部分を使って野菜を再生させるというものです。

代表的なものには、トウミョウ、長ネギ、ダイコンやニンジンのヘタなどがあります。また、ホウレンソウ、コマツナなどの葉物野菜やキャベツなども水耕栽培することで再生可能。リボベジはスープなどの浮き実や味噌汁の具材が足りない時などに利用することができます。

MEMO

つくば科学万博（1985年）には、1万3000個の実をつけた水耕栽培のトマトの木が展示され話題になりました。室内栽培で温度管理ができれば周年トマトを楽しむことも可能かも！

100円アイテムで水耕栽培

❶用意するのは好みの100円アイテム（今回は試験管）、スポンジ、ケイ酸塩白土（根腐れ防止剤）、葉菜類の根元。

好みのアイテムで！

❷器に根腐れ防止のためにケイ酸塩白土を入れる。

少量で良い

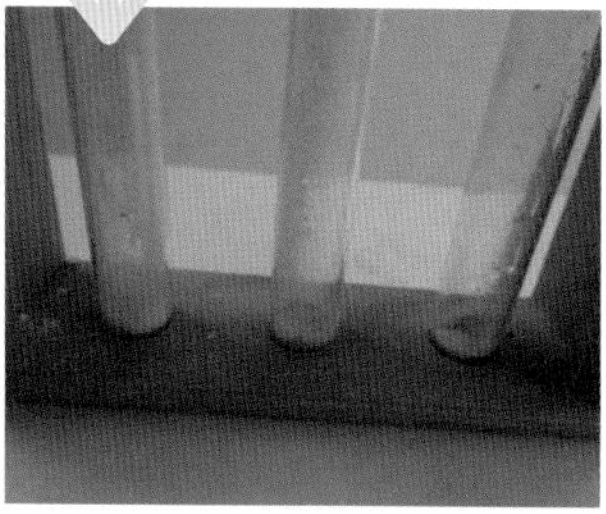

❸根元に切ったスポンジを巻く。

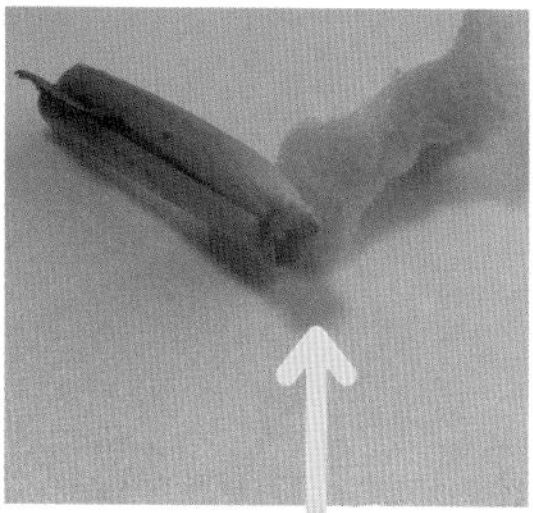

根元のサイズに合わせる

❹根元ギリギリまで水を入れた試験管にさせばOK！　季節により3日〜1週間程度で根や葉が伸びてくる。

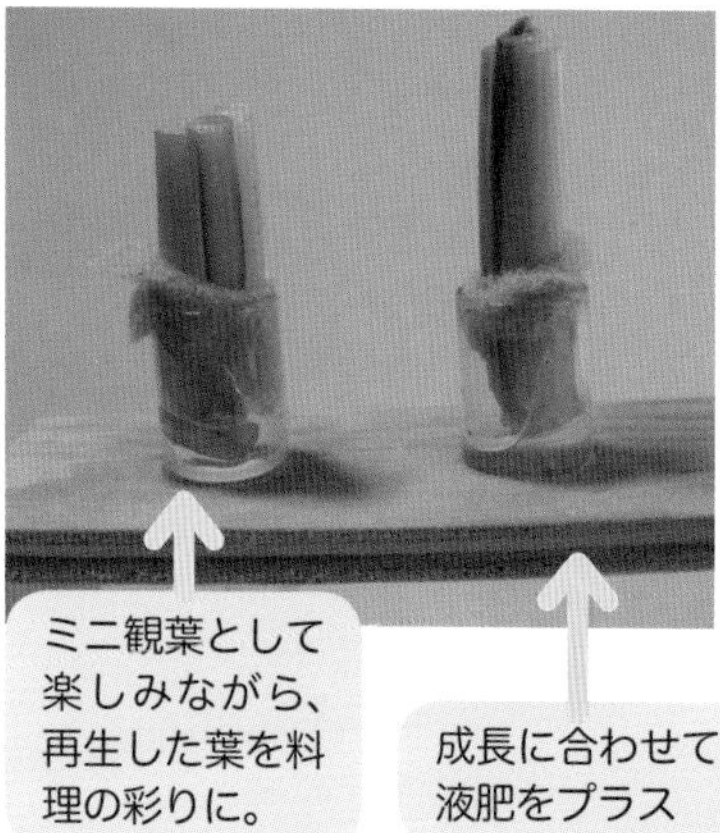

ミニ観葉として楽しみながら、再生した葉を料理の彩りに。

成長に合わせて液肥をプラス

19

ベランダ菜園をもっとオシャレに

こんな悩みに
ベランダが雑然として見える／生活感が漂っているなど

あると便利
トレリス、簾《すだれ》、ペンキ、ウッドパネル、人工芝、各種小物など

Point!

室内から眺めた時に背景となる建物の色なども考慮するとグレードアップ！

コツ1 室内のデザインをベースにする

ベランダは室内から続くものと考えてコーディネートしましょう。部屋が和風なら、簾《すだれ》などを活用して和風の要素を取り入れるといいでしょう。また、ナチュラル感を出したいなら室外機などには木製カバーをかけるといいでしょう。

室外機に簾《すだれ》をかけるだけでもOK

また、同じタイプのコンテナを使ったり、色彩を統一するだけでもスタイリッシュな雰囲気作りに役立ちます。

コツのコツ イメージに合わないものを隠す

ベランダの壁や床、エアコンの室外機などが見えていると、それだけで無機質なイメージになり、菜園の緑とうまく調和しません。

洋風ならトレリス（金属や木でできた格子垣）、和風なら簾《すだれ》などを使って隠すだけでも、ナチュラル感がアップします。

Check!

- □ 全体の色彩を統一する。
- □ イメージを明確にする。
- □ 困ったらトレリス、よしずや簾を活用。

コツ2 費用をかけずに小物で演出する

ただ野菜を育てることができればいいという考え方もあるかもしれませんが、育てている植物にオシャレなネームプレートをつけたり、かわいいウォーターキーパーを使ったり、ガーデニングアクセサリーや小物を置くなどするだけで華やかさがプラスされます。

Good! デザイン性の高いアイテムを購入するほか、粘土などで手作りしても楽しめる。

何をどう使うかはアイデア次第。

コーディネートのポイント

●同じ色彩や素材で統一したなかに、違う色を持ってくることでアクセントになる。鍋などを鉢カバーの代わりにするのも良い。

異なる色がアクセントになる。

●ナチュラルにまとめるなら天然素材のアイテムを利用すると同時に、床部分に木製パネルやレンガなどを敷くとよい。

トレリスひとつでナチュラルなベランダに。

●ベランダの床はそのままよりも、人工芝マットなどの好みのパネルなどを置くだけでガラリと雰囲気を変えることができる。

人工芝マットなどでも

●コンテナはスプレーペンキを使って演出するのも楽しい。オレンジ、グリーン、ブラウンなどを組み合わせるとオールド感を出すことできる。

100円アイテムのプラ鉢も。

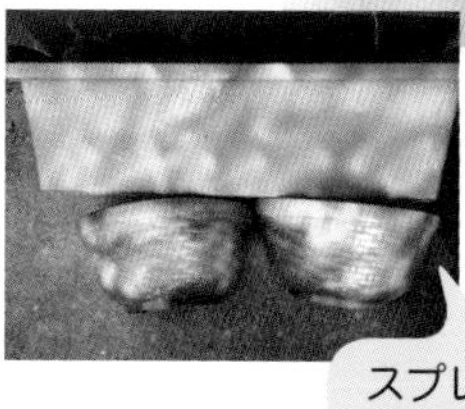
スプレーペンキで演出できる。

COLUMN

バビロンの空中庭園

世界七不思議のひとつとして知られているのが「バビロンの空中庭園」。遠くから見ると、まるで空中から吊られているように見えたため、このように呼ばれていたそうです。紀元前600年頃、バビロン(メソポタミア地方に栄えたバビロニア帝国の首都)のネブカドネザル2世が王妃アミティスのために建設したものと伝えられています。

それはピラミッド型の庭園で、階段状のテラスには観賞用植物だけでなく、野菜や香辛料なども植えられていたとされています。

残念なことに、バビロニア帝国がペルシャ軍によって征服された時に破壊されてしまったそうですが、テラスでの栽培なら、おそらくコンテナ栽培だったでしょう。となると、これこそがベランダ菜園のルーツかもしれません！

20-33

植物の管理のコツ

ベランダ菜園で使いたい土

こんな悩みに　いい土の条件や、市販の培養土の選び方がよくわからない

あると便利　育てる植物にマッチした培養土、酸度測定器

Point!
限られたスペースでの栽培には、ブレンド済みの土を活用しましょう！

コツ1 良い土ってどんな土

ベランダ菜園に限らず、植物を育てるためには良い土が必要です。良い土の条件は、一般的に水はけ、水もちが良く、堆肥のような有機物を多く含んでいる土だと言われています。

また、植物が十分に根を張るためには、通気性と排水性が良く、保水性・保肥性に優れ、微生物が多く含まれていることが大切。もちろん、清潔な土であり、育てる植物の好む酸度であることも意識しましょう。

Bad!
安価で市販されている培養土のなかには、土の中にガラス片、金属片などが混入されているものもあるので、選ぶ際は注意が必要。

コツのコツ ベランダでは土の重さも意識して

ベランダの床面にかかる負担はもちろん、コンテナ内も、土が重すぎると通気性が悪くなり、軽すぎると根の発育が悪くなる場合があります。

土の基本的な比重は1リットル当たり400～600ｇ。ベランダ菜園では、それよりやや軽めになるように。

Check!
- 育てる植物から土を考える。
- 市販の土を選ぶか、自分で作るか。
- 土の重さは重すぎないか。

コツ2

覚えておきたい基本の土

【黒土】 有機質を多く含む軽く柔らかい土。保水性・保肥性は〇、通気性・排水性は×。

【赤土】 関東ローム層の、黒土と鹿沼土の間にある土。有機質は含まず、粘土質の火山灰土で弱酸性。通気性は×。

【赤玉土】 赤土を乾燥したもの。粒状のものはほぼ無菌。通気性・保水性・保肥性ともに〇。コンテナ用土として優れています。

【鹿沼土】 有機物をほとんど含まない酸性土。通気性・保水性は〇。

基本の用土をブレンドすることもできる。

市販の土を使いこなそう！

初心者なら土はブレンドするより、市販の土からスタートすることがオススメ。価格はやや高めになりますが、育てたい植物に合わせた土なら肥料も適度に配合されているので、上手に育てることができます。

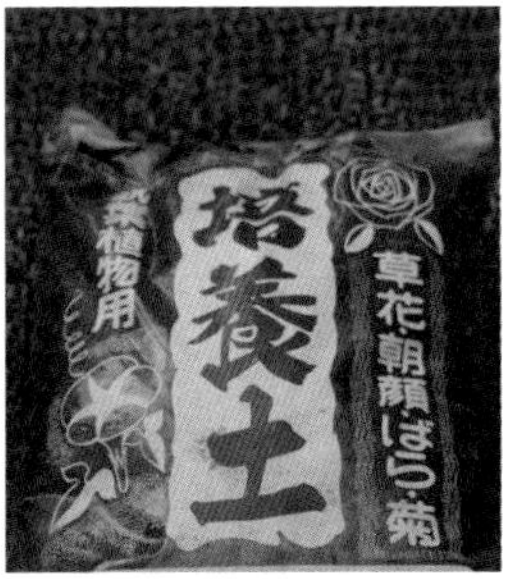

「培養土」とは、赤玉土などの用土に肥料、堆肥、腐葉土などを混ぜ園芸全般に使いやすく配合された土のこと。

「野菜の土」と書かれたものは、根や実に役立つ肥料分がしっかり配合されているものが多いとされている。

「ハーブの土」と書かれているものは、葉を茂らせるための肥料が多く配合。ハーブ以外にも、葉菜類にも向く。

「タネまき用」とされる土はより清潔な土とされている。そのため、肥料は控えめになっている。

「ベランダ用土」や「ハンギング用」と書かれているものは、通常の土よりも軽いものが多い。

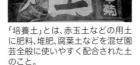

土を改良するには

こんな悩みに　市販の土を使っているのにうまく育たない／水はけに問題がある　など

あると便利　各種の改良用土

Point!
通気性や水はけに問題があるようなら、用土を改良してから使いましょう。

コツ1

改良用土で保水性・排水性を高める

改良用土とは、赤玉土や黒土などの基本の土を植物をより育ちやすくするために混ぜて使う土のことです。

各々の改良用土には特徴があります。そのため、培養土や市販の土を使っても植物の生育がいまひとつ場合などには、肥料を与える前に土の状態を改良してみるのもいいでしょう。

また、改良土によっては土の酸度に影響を及ぼすものもあります。

Good!
市販の土に改良土を混ぜ込むコツは、育てる植物はもちろんのこと、育てる場所や育てるコンテナ（鉢）も考慮する必要がある。

コツのコツ

軽い土を備えておくと何かと便利

バーミキュライトにピートモス、パーライトをブレンドした軽い土は、ハンギングタイプのコンテナに向いています。また、無菌なので、タネまき用にも重宝します。

Check!
- 通気性・排水性の改善にはパーライトを使う。
- 腐葉土は必ず完熟品を選ぶ。
- ココピートはピートモスの代わりに使える。

コツ2 代表的な改良用土の特徴

【腐葉土】「腐植土」と呼ばれ枯れて落ちた樹木の葉や枝が土の状態になったもの。土を改善するための堆肥《たいひ》の1種です。通気性・保水性・保肥性をプラスでき、各種のミネラル分も豊富です。

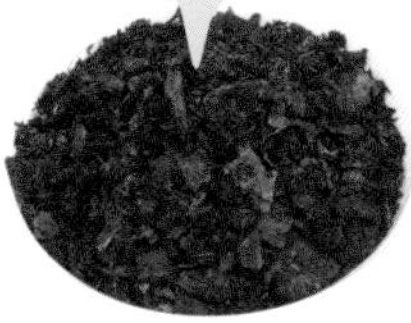
土の団粒化を助け、微生物を増やすことにも役立つ。

【ピートモス】ブルーベリーを育てている時に用いられることが多い、シダなどが堆積してできた強酸性用土。軽く保水力があるのが特徴。酸度が調整されたものも販売されています。

酸性なので、酸度調整したい時に。

【パーライト】多孔質で非常に軽いのが特徴。通気性・排水性に富んでいますが、水やりで浮かぶのが欠点。

通気性・排水性に富む。

【バーミキュライト】薄板が層状になっているため、非常に軽く、保水力・保肥性に富んでいます。蛭《ひる》石を高温で処理したもので、無菌なのでコンテナ用土に適しています。タネまき用土にもオススメ。

コンテナ用土向き。タネまきにも。

保水・水はけを調整しよう

●水を与えてもすぐに乾いてしまうベランダでは、バーミキュライトを2～3割ほど混ぜ込んで保水力アップ。

保水力アップにバーミキュライト。

●アイスプランツなど多肉系の野菜や、育てる野菜の原産地によっては、培養土や基本の用土に川砂等をブレンドしてみるのもよいでしょう。

育てる植物によって川砂などをブレンド。

22 土力をさらにアップする

こんな悩みに 土壌改良剤を使ってみたいが、どんなものなのかよくわからない

あると便利 ケイ酸塩白土、ゼオライト

Point!

栽培条件があまりよくないなら、土壌改良剤を試してみるのもひとつの手。

コツ1 土壌改良剤をプラス

園芸資材と知られている土壌改良剤には、鉱物で石状のゼオライトと粘土状のケイ酸塩白土があります。

いずれも、根の成長促進効果、水の浄化、土に含まれる植物に害のあるガスや雑菌を吸着して除去効果、連作障害に影響する雑菌を吸着効果などが知られています。

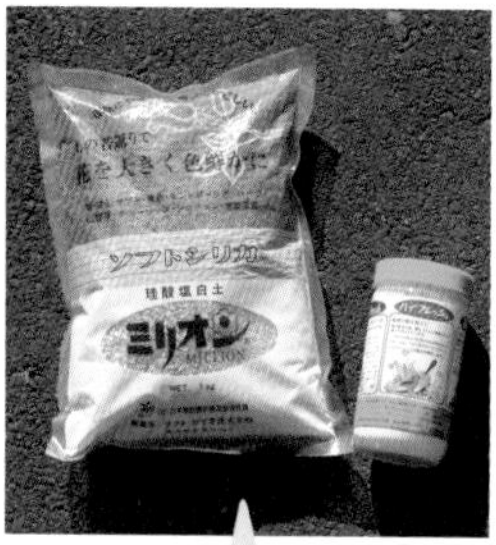

用土に混ぜるほか、散布にも。

粒状、粉末などの形状で販売され用途によって使い分けることが可能です。

コツ2 植え付け時に使う

市販の土に、少し混ぜ込むだけでも土のパワーをアップさせます。

また、植え付けの際は、苗の根株を軽くほぐし、ケイ酸塩白土を根の全体に薄くまんべんなくまぶすと根を保護し、根張りがよくなるとされています。ジャガイモのタネイモの切り口を保護したい場合にも利用できます。

古土を再生する際は、ケイ酸塩白土とともに腐葉土、元肥を混ぜると成長促進に。

Check!

- □ 植え付けの際、基本用土に混ぜて使う。
- □ 葉に散布するなど、目的に応じて使い分ける。
- □ 古土の再生にも利用できる。

23 土の酸度も忘れずにチェック

こんな悩みに　酸度の調べ方がわからない
酸度の調整のしかたがわからない

あると便利　土壌酸度計

Point!
ベランダ菜園では、コンテナごとに酸度をコントロールするのが理想的。

コツ1 適した酸度で育てる

土の酸度とは、土がどのくらい酸性なのかということです。その強さはpH（水素イオン指数）で表し、酸性、中性、アルカリ性に区別されます。コンテナ栽培で最初はスクスク育っていたのに、数年したら育ちが悪くなってしまった時は、コンテナ内の土の酸度の変化が原因になっていることもあります。ちなみに、野菜類の多く6・0～6・5pHの土を好みますが、ホウレンソウはややアルカリ性6・0～7・5pHがよく育つとされているので苦土石灰などで酸度を調整しましょう。

pH1　　pH7　　pH14
←――――――――→
酸性　　中性　　アルカリ性

コツ2 土壌酸度計の選び方

土壌酸度計は土壌酸度測定機とも呼ばれ様々な種類があります。最近は、土壌酸度だけでなく、気温、湿度、照度なども測定できるものや、スマートフォンなどと連動されているものもあります。

リーズナブルなのは試験紙タイプ。

簡単に使うなら土壌にそのまま差し込んで使うもの。

Check!
- □ 土壌酸度計で酸度を把握する。
- □ アルカリ性にする場合は石灰類を混ぜる。
- □ 酸性にする場合はピートモスなどを混ぜる。

24 古土はリサイクルを

こんな悩みに
一度使った土の処理のしかたがわからない／再生のコツがわからない

あると便利
ビニール袋、熱湯、腐葉土、苦土石灰、電子レンジ、蒸し器、ふるい、紙袋

Point!
土の処分が手軽にできないベランダ菜園。古土は消毒すれば再利用できます。

コツ1 簡単に再生させたいなら

コンテナで同じ土を使い続けると、土が固くなり、水はけが悪くなることからせっかく植えても植物の育ちが悪くなってしまいます。また、土によっては病害虫を発生させやすくなってしまっていることもあります。そのため、古土はまずふるいにかけ、土に残っている古根を取り除きます。

少量なら紙袋などに入れてレンジで加熱するか、あるいはいらなくなったフライパンか、蒸し器などで加熱消毒。粗熱が取れたら、腐葉土を三分の一ほど混ぜます。土壌酸度を測定し、苦土石灰で調整し2週間以上放置後に、同量の培養土を混ぜればOKです。

Check!

- 夏と冬では消毒方法が異なる。
- 太陽光で乾燥させるだけでは不十分。
- 腐葉土などを混ぜ、酸度調整することが大切。

コツのコツ 連作障害に注意！

同じ植物や同じ科の植物は、消毒したリサイクル土であっても続けて植えない方が無難。これは、連作障害になってしまうケースがあるからです。土をリサイクルしたら、違う科の植物を育てることをオススメします。

コツ2 自然の力を借りて土を消毒

電子レンジや蒸し器、フライパンなどキッチンでの土の消毒に抵抗がある方や、ベランダで大きめのプランターなどを使っていて土の量が多い場合は自然の力を借りて古土の再生を。古土をふるいにかけ、古根を整理したら真夏は太陽熱を吸収しやすいように、黒ビニール袋に入れます。できるだけ平たくして、数日間太陽熱に当てるようにします。季節の変わるのを待ち、今度は真冬に土を湿らせて霜にあて、最後に新聞紙などに古土を広げ紫外線にさらすことである程度消毒できるとされています。あとは、腐葉土、培養土を混ぜ土壌酸度を測定し、酸度によっては苦土石灰などで調整するといいでしょう。

コツ3 再生土の使い方

様々な方法で再生させた土は、リボベジ（再生野菜）栽培や長ネギ、ニンジンなど土に埋めることで長期間保存させることができる野菜の貯蔵庫として使用することがオススメです。

もちろん、連作を避ければいろいろな植物の栽培も楽しむこともできます。しかし、珍しい植物や大切にしたい植物を育てる場合には新しい土を使うことをオススメします。

MEMO

カビの胞子などはなかなか死滅させることは難しいので、土の殺菌消毒剤をプラスするとより効果的。

古土をさらに良い土に変える方法

コンテナの土は何度か使っていくうちに、土量が減り、植物の育ちが悪くなる。これは、植物が育つために土の養分が使われ、土の団粒構造が壊れるからだとされている。また、植物の根が混ざるだけでなく、害虫や害虫の卵や幼虫、病原菌やウイルスなどが潜んでしまうケースもある。そのため、古土はふるい、消毒、腐葉土などを追加すると良いとされているが、さらに古土を進化させ良い土に近づけたいなら、市販の土のリサクル剤や土壌消毒剤を使うと良い。

また、植物にとっての土の役割で大切なことは、植物が倒れないように支え、養分や水分をキープすると同時に根のダメージを防ぐことだということも忘れずに。

霜に当てて2～3週間。
たまに上下を入れ替え。

25 肥料は与えすぎに注意

こんな悩みに　肥料の種類や成分、使い分けるコツがわからない

あると便利　各種肥料

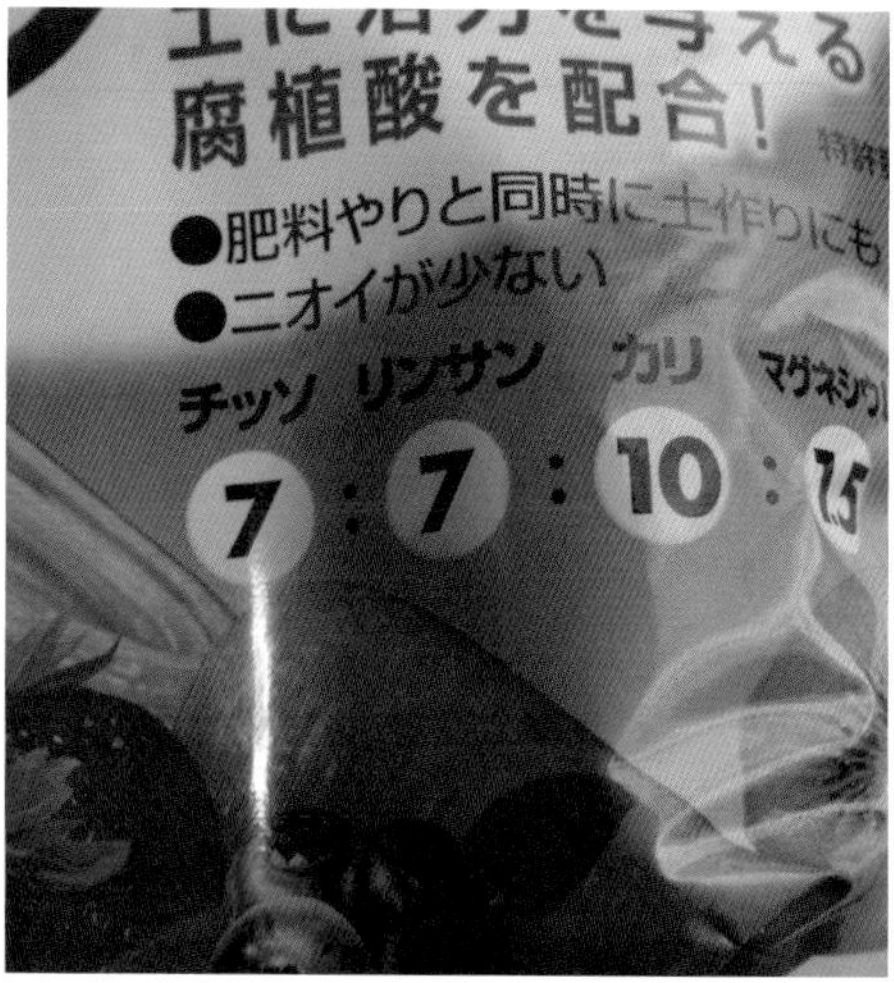

Point!
庭や畑と違い、コンテナで育てるベランダ菜園には、肥料が不可欠です。

コツ1 肥料の与えすぎはNG

植物の生育には、光、空気、水分、温度と共に各種の養分が必要です。土には各種の養分が含まれていますが、植物をスクスク育てたい時には肥料を与えましょう。

肥料には三大要素（多量要素）とも呼ばれるチッ素（N）、リン酸（P）、カリ（K）の他に、「中量要素」のカルシウム（Ca）、マグネシウム（Mg）、硫黄（S）や鉄（Fe）、マンガン（Mn）、ホウ素（B）、亜鉛（Zn）、などの「微量要素」があり、いずれも不足しても過剰に与えすぎても植物のダメージに繋がります。コンテナなどで育てる場合には、やや少なめを意識して与え、不足している場合にはさらに与えるを心がけるようにするといいでしょう。

コツ2 肥料の種類とタイプ

肥料は大きく分けると有機質肥料と無機質肥料（化学肥料）に分けることができます。

有機質肥料は動植物由来の油粕、骨粉、魚粕、貝殻（本来は無機）、草木灰などで有機栽培の場合にはこれらの肥料が主に使われています。

また、含まれる成分によって単肥と複合肥料。さらに形状のタイプよって、固体、粒状、粉、液体、錠剤などがあります。

Check!

- 肥料の成分と役割を知って使う。
- 与えすぎは禁物。
- 有機質肥料は臭いにも注意。

26 肥料はタイミングで与える

こんな悩みに　効果的な追肥の与え方や、使い分けるコツがよくわからない

あると便利　各種の肥料

Point!
ベランダ菜園は元肥・追肥の与え方が野菜の成長の決め手となります。

コツ1 肥料は与えるタイミングが大切

野菜に限らず植物を育てる場合には、肥料を上手に使いこなしたいもの。肥料は、植物の成長のタイミングに合わせて行います。植え付け時には遅効性肥料や緩効性肥料を元肥として使いますが、培養土や市販の土を使う場合にはすでに配合されているため必要がない場合もあります。

植物が芽を出し生育期に入ったら速効性の液体肥料や緩効性の固形肥料などを使って追肥。また、実りや花を楽しんだ後にはお礼肥として植物の回復のために速効性の液体肥料等を使うのがオススメ。いずれの場合も肥料も与えすぎは植物にダメージを与えるます。植物の状態を見て与えるようにしましょう。

コツ2 育てたい部位で肥料を選ぶ

三大要素のチッ素、リン酸、カリはそれぞれ特徴があります。

そのため、キャベツホウレンソウなど葉を育て利用したい場合にはチッ素が多く配合されているハーブや葉菜類を育てる肥料を、トマトやナスなど実を育て利用するものはリン酸が多く配合されている実がなる野菜の肥料や花の肥料を、ジャガイモなど地下茎を利用するものはカリが多く配合されている肥料を選ぶといいでしょう。

Check!
- 液肥はかなり薄めることで、水やりを兼ねて与えることもできる。
- 濃いものを一度に与えすぎないようにする。

27 害虫は早期発見駆除を

こんな悩みに　害虫がつく前に、できるだけつかないようにしたい

あると便利　殺菌殺虫剤、不織布、アルミシートなど

Point!

「ベランダだから害虫はこない」という思い込みは失敗の元。必ず対策を！

コツ1 日々の観察が一番

ベランダ栽培は、畑に比べて害虫は無縁！と考えている方も少なくないようですが植物を育てるとどこからか害虫はやって来るものです。

そのため、害虫は見つけたら駆除することが大切です。植物に付く害虫は、その種類によって葉、茎、根を食べるもの、樹液を吸うものと様々ですがいずれの場合でも見過ごしてしまうと気がついた時には手のつけられない状況になってしまうことが多々あります。

そのため、水やりの時などには、育てている植物の根元、茎、葉裏、葉先などをよくチェックするように心がけましょう。また、日中は姿を見せないケースもありますので、夜にチェックすることもオススメです。

コツのコツ 無農薬栽培より減農薬を！

無農薬栽培は、植物の栽培中は全く農薬を使用しない方法のこと。せっかくベランダで野菜を育てるなら無農薬でと頑張りたい気持ちはわかるのですが、集合住宅では他の住民のことも考え全く農薬を使わないのではなく、使用する農薬を減らす減農薬程度に考える方がいいでしょう。

Check!

- 害虫から守ることができれば、食害はもちろん、病気予防にも。
- つかないように予防して、ついたら、すぐに駆除する。

コツ 2 害虫によって防除は異なる

害虫の防除方法はその害虫によって異なります。葉にタマゴを産み付け、その幼虫が葉を捕食する場合には、成虫の進入を防ぐ防虫ネットなどが役立ちます。防虫ネットがない場合でも不燃布や目の細かい洗濯ネットなどを利用してもいいでしょう。

もちろん、幼虫の姿を目撃したら割り箸などでつまんで植物の側から遠ざけることも大切です。

コツ 3 覚えておきたいアブラムシ対策

野菜につく害虫のなかでも、特に多いのがアブラムシ。数百種いるといわれ、4～6月・9～10月に発生することが多く、葉茎に群がって汁を吸い、植物の生育を悪くします。

Good!

定植時、予防として薬剤を用土に混ぜ込むと効果的。アブラムシはアリと共生関係にあるので、アリにも注意が必要。

共生関係にある、アリにも注意！

アブラムシにはこんな対策も！

● 殺虫剤を使いたくない場合は、2倍に薄めた牛乳を直接スプレーする。アブラムシの体に薄い膜を作ることで呼吸を阻害し、ある程度、撃退できる。

2倍に薄めた牛乳をスプレーして撃退。

● アルミ箔など光るものをコンテナの下に敷いたり、コンテナに巻きつけたりすると、予防効果があるといわれている。

光るシートを敷くか、巻きつける。

手軽にできるおもな害虫対策

カイガラムシは風通しの悪い環境で発生しやすい。葉・茎・枝について吸汁する。薬剤が効きにくいため、歯ブラシなどでこすり取るようにする。

薬剤が効きにくいので、こすり取る。

コナジラミは植物を揺するとパッと飛び立つ小羽虫。幼虫はカイガラムシ同様に、葉裏に寄生し吸汁する。定期的な薬剤散布で駆除できる。

ハダニは葉茎などにダメージを与える。湿気が苦手なので、霧吹きで水をかけるだけでも、それなりの効果あり。

イモムシ、ケムシ、アオムシは集団で食害することが多く、被害が大きい。予防は不織布等でマルチングを。駆除するか、殺虫剤を使用する。

予防第一、見つけたらすぐに駆除。

ナメクジはさまざまな植物について食害する害虫で、薬剤の効かない種類も。予防にはマルチングが効果的。ビールで誘引し、捕殺する方法も。

予防はマルチングが効果的。

MEMO

芽・花・茎・果実に害虫
➡ アブラムシ、カイガラムシ

葉裏に害虫
➡ コナジラミ、ハダニ、カイガラムシ

葉・茎の変形
➡ アブラムシ

芽の芯止まり・葉・花の変形
➡ ホコリダニ

花・葉・実に光沢のある這い跡
➡ ナメクジ

葉や茎などの食害
➡ イモムシ、ケムシ、アオムシ

花や葉に網
➡ ハダニ

葉に白い斑点
➡ ハダニ、アブラムシ

※害虫名は主なものとなります。

28 病気は早期発見対処を

こんな悩みに
どんな症状が病気のサイン
なのかわからない
対処法がわからない

あると便利
殺菌剤、殺虫剤

Point!
無農薬にこだわって放置すると命取りに。予防を心がけ、早めに対処を！

コツ1 植物の病気とは

植物の病気は、病原菌の種類や症状、発病の場所、植物の種類の違いなどで区別され、予防や防除などの方法も異なります。

よく知られている病気では、葉や花など地上部では病原菌が繁殖し植物の生育を悪くするうどんこ病、灰色かび病などがあります。

また、植物体内で病原菌が繁殖して病斑が現れる黒星病や斑点病などの他に、根にダメージをあたえる立枯病、根腐病などがあります。いずれの病気もベランダでも発生することがあります。

植物の状態がいつもと違うと思った時は、殺菌剤などの薬剤を早めに使用するなどすることをオススメします。

コツ2 原因を考える

植物が病気になる原因は様々ですが、多くの場合は害虫によって感染してしまうことが多いとされています。

そのため、ベランダなどに植物を並べる時にはスペースが狭い場合は、種類や数を減らし風通しの良い環境を作ることも大切です。

Check!
- 毎日植物を観察する。
- 丈夫な苗を購入する。
- 病気になったらすぐに対処する。

29 農薬は植物に使うクスリ

こんな悩みに
農薬に対する効果がよくわからない
健康への影響が心配

あると便利
各種農薬、作業ゴーグル、マスク

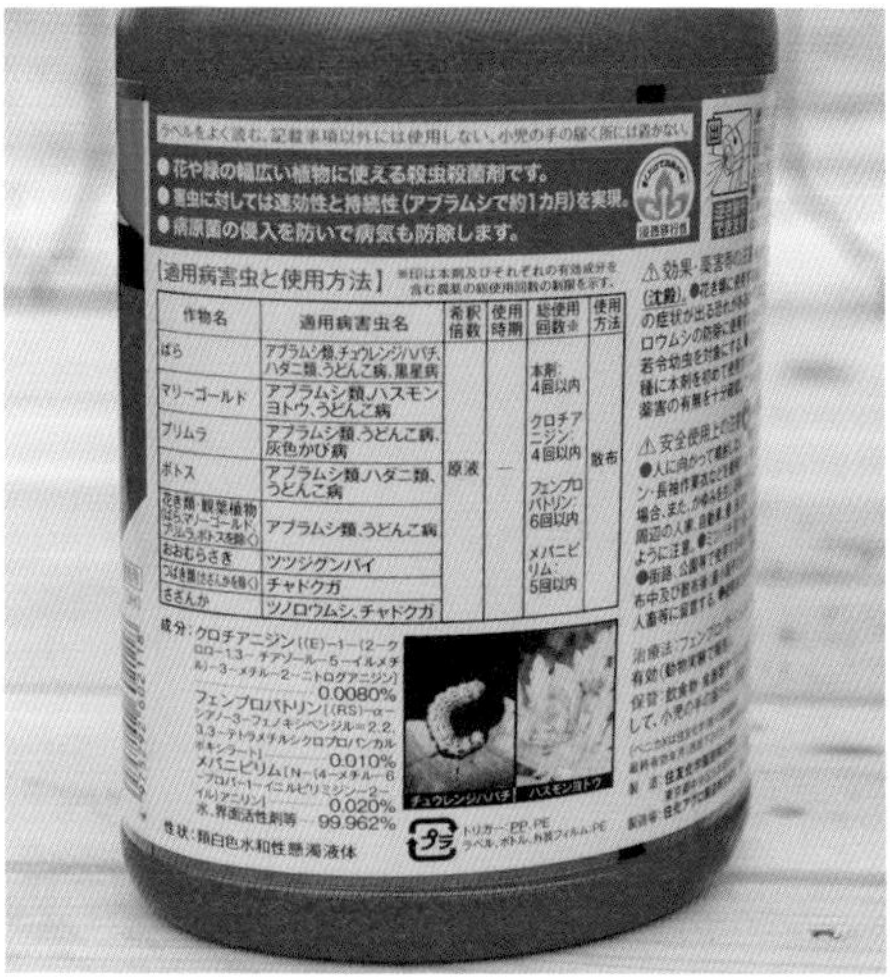

Point!

ベランダで害虫が大量発生すると、他の住民に迷惑がかかる可能性も。

コツ1 農薬の定義

人間が病気になったら医薬品を使いますが、農薬は危険だから使いたくない！と思う方も少なくないようですが、実は農薬には「農薬取締法」という法律があり農薬の定義も示されています。

そのなかでは、農作物の生産上問題になる病害虫や雑草などを防除するだけではなく、農作物の生理機能の増進や、抑制に用いられる薬剤も農薬とされ、農林水産省では、殺虫剤、殺菌剤、殺虫殺菌剤、除草剤、殺そ剤、植物成長調整剤、その他の7種類に分類されています。

農薬は害虫を殺すためのものだけではないということも覚えておかれるといいでしょう。

コツ2 ラベルを熟読すること

農薬はその商品ごとにラベルが付けられています。ラベルには、使用できる病害虫、植物や使用方法はもちろんですが野菜やハーブ、果樹で使用する場合にはその散布時期と、散布回数なども書かれています。

これは、その農薬をいつまでに使えば残留することがなく、安全に食に用いることができるかにも関係しますので使用時にはよく読むようにしましょう。

Check!

- □ ベランダ菜園では、殺虫剤と殺菌剤が重要。
- □ 用法・用量を守れば安全。
- □ キッチンなど、食品のある場所には保管しない。

30 農薬は目的と使い方から選ぶ

こんな悩みに 何をどのように使えばいいかわからない／効果的な使い方がわからない

あると便利 病害虫辞典、各種農薬、作業ゴーグル、マスク

Point!
小さな子どもやペットがベランダで遊ぶ時の安全も考えて選びましょう。

コツ1 まずは病害虫の種類を調べる

農薬にはいろいろな種類があります。そのため、どの農薬を選ぶかは植物のダメージの状況を見極めていくことが大切です。害虫がついているなら、まずその害虫の名前を調べてから殺虫剤を探しましょう。病気の場合も同様でその症状などから病名を探した上で農薬を使うことをオススメします。

害虫や病気の名前がわからない場合は、写真を撮影するか、実際の害虫やその部位を切り取り販売店などの持ち込むか、専門家に相談するといいでしょう。

殺虫剤を買う前に害虫の名前や性質を確認。

コツ2 使い方から選ぶ

農薬にはいろいろな形状やタイプがあります。害虫だけでなく病気などに効くものや、土に直接バラ撒いて使うもの、水に溶かして使うものやスプレータイプでそのまま使うことができるもののほか、肥料と農薬がひとつになった錠剤型や粒状、スティック型のものなどがあります。

小さな子どもがいる家庭では、お菓子と間違えやすいので錠剤型やスティック型のものは注意も必要かも。

Check!

- □ 病害虫はまず名前を調べてから農薬を探す。
- □ 子どもがいる家庭では錠剤やステック型の農薬は使用しない。

31 ベランダでは手遅れになる前に対処を

こんな悩みに　病気が心配
近所で害虫が発生した

あると便利　各種農薬、作業ゴーグル、マスク、手袋

Point!
近隣のベランダで害虫を見つけたら、予防的に殺虫剤を使って阻止。

コツ1 病害虫は予防が大切

人間も病気にならないように予防が大切だとされています。各種の植物も同様です。そのためにはまず、植え付け時には清潔な土を利用し、害虫から守るための虫除けネットを使用したり、アルミシートをベランダに置いたりして防除することができます。

しかし、病害虫はどこからか忍び寄るためコンテナ栽培やベランダ菜園では予防も兼ねて定期的に散布することをオススメします。

ついてしまう前に散布するのが基本。

コツのコツ 殺虫剤を使った後は手と顔を洗い、うがいを

薬剤散布が終了したら、手や顔を石鹸で洗い、うがいをしましょう。使用した容器はよく水洗いし、乾燥させてから保管を。

衣類等はできれば他の洗濯物と分けて洗うようにしましょう。薬剤を使う時のための専用エプロンがあるとよいでしょう。

Check!

- 農薬は病虫害の予防のためにも利用する。
- 安全に使用し、安全な場所に保管する。
- 散布時は周囲の配慮も忘れずに。

コツ 2

農薬散布時の注意

農薬の使い方は各々の商品によって異なります。そのため、ラベルなどをよく読み用法、用量を守って散布するようにしましょう。

また、散布時にはマスク、作業ゴーグル（園芸用メガネ）、手袋、帽子、長袖の作業服、長ズボン、長靴などを着用し皮膚の露出はできるだけ避けるようにしましょう。

万が一、農薬が触ってしまった時はよく洗い流すようにしましょう。

✕ Bad!

農薬事故の多くは誤飲誤食。食品や飲料と同じ場所には保管しないように。残った農薬をジュースなどのラベルがついたままのペットボトル等に入れて保管するのも避ける。

集合住宅で農薬散布時の注意

- 広範囲に農薬を散布する場合は、散布日、散布時間、散布農薬名を周囲に知らせる。
- ベランダなどでの使用は、洗濯物や布団を干す前か後に散布するか、ビニールで覆うようにする。
- 天気予報を確認し、散布後すぐに雨が降り出すことがないようにする。

使い捨てマスクは常備をオススメ

- 各種のスプレー剤を使用時は、コンテナを大きめのビニール袋に入れ、ビニール袋内で散布しても良い。

コンテナを袋に入れて散布する。

葉先からしたたる程度に。葉裏にもしっかりと。

粉剤・粒剤は、まきすぎに注意。

MEMO

農薬使用時に気分が悪くなったり、誤飲誤食してしまった場合には公益財団法人　日本中毒情報センターの中毒110番で相談を。その際、不調の様子と農薬名を。

32 害虫防除の民間療法は注意も必要

こんな悩みに　農薬は使いたくないので民間療法を試してみたい

あると便利　特になし

Point!
あいまいな情報に頼ると失敗することも。まずは正しい知識を得ましょう。

コツ1 民間療法は危険もいっぱい

市販の農薬は危険だから、民間療法で害虫防除を考える方も少なくありません。確かに、薄めたコーラや牛乳を使ったアブラムシ駆除やビールを使ってナメクジを誘引駆除する方法などは植物にも優しく安全で安心できる方法のひとつかも知れません。

しかし、民間療法のなかにはタバコの吸殻集めて水につけたニコチン液を使うといった大変危険なものもあります。民間療法を取り入れる際にはよく考えてからにしましょう。

コツ2 木酢液は上手に使う

木酢液は木炭を作るときに発生する煙を冷やし液体にしたもの。木の有効成分が凝縮され、害虫防除にも役立つとされています。

しかし、濃すぎると植物のダメージに繋がるとされ500～1000倍以上に希釈してから用いることをオススメします。

Check!
- □ 民間療法に頼り切らない。
- □ 安全性を考えてから取り入れる。

33 病害虫予防に役立つコンパニオンプランツ

こんな悩みに　コンパニオンプランツを試してみたいが、何を植えればいいかわからない

あると便利　コンパニオンプランツ、プランターやコンテナなど

Point!
多くのハーブがコンパニオンプランツとして知られています！

コツ1 コンパニオンプランツの使い方

コンパニオンプランツとは、一緒に植えると協力し、よい影響を与え合う植物のことです。害虫の被害を抑える、野菜の味をよくするなどの様々な組み合わせがあり、例えば、トマトの病気の予防にはニラ、キャベツやダイコンの害虫予防にセージやトマトが良いとされています。

基本的に同じコンテナ内で寄せ植えするため、コンパニオンプランツを使いたいと思ったら少し大きめのプランターやコンテナを用意しましょう。

マリーゴールドは、野菜各種のセンチュウ予防に。

コツ2 食虫植物の利用を！

害虫駆除の最強のコンパニオンプランツは食虫植物。色々な種類がありますのでベランダ菜園のアクセントとして食虫植物を置くという方法もあります。捕食方法は様々ですので、出没する害虫によって使い分けてみるのもオススメです。

食虫植物の１種モウセンゴケ

Check!
- □ コンパニオンプランツは目的に合わせて。
- □ 効果が実証されてないものもある。

COLUMN

園芸用語 I

最近はガーデングという言葉で主流になっている園芸。しかし、ガーデングや園芸の本やサイトの中では、通常の生活ではあまり聞かない園芸(ガーデニング)用語と呼ばれる専門用語があります。ベランダやコンテナ栽培でよく使われる代表的な園芸用語を紹介します。

植え傷み【うえいたみ】
植えつけや植え替えをしたときに起こるダメージのことです。成長が止まったり、葉が落ちたり枯れる場合もあります。そのため、植え替えなどは慎重に行いましょう。

栄養繁殖【えいようはんしょく】
タネから繁殖させるのではなく、挿し木や株分けなどで繁殖させる方法のことです。タネから繁殖させことは「種子繁殖」です。

浅植え【あさうえ】
芽が土に埋まらないように植物を浅く植える方法です。反対に深く植えることは「深植え」。

育種【いくしゅ】
植物を育てることではなく、品種改良などをすることです。新しい品種を研究して作りだす人のことを育種家と言います。

移植【いしょく】
植物を植え替えること。また、購入した苗を花壇や畑、コンテナに場所を変える時などにも使われます。

一年草【いちねんそう】
タネをまいてから1年のうちに花が咲き、実をつけ、枯れてしまう植物のことです。

植え付け【うえつけ】
植物の苗を花壇、菜園、庭、コンテナに植えること。

インドアガーデン【indoor garden】
戸外ではなく、屋内で植物を育て、楽しむことです。インテリアコーディネート的な役割もあるようです。

34-44

植物を育てるキホン

34 植物は原産地の環境でよく育つ

こんな悩みに
うまく育てられない
もらったタネや苗のことがわからない　など

あると便利
園芸情報、温湿計　など

Point!
植物ごとの性質を把握し、ベランダ環境との相性を考えて選びましょう。

コツ1 原産地で考える

野菜に限らず、どんな植物にも栽培に適した環境と、適さない環境があります。そこで、栽培環境と野菜の相性を考えることが重要になります。

そこで、おもな植物の原産地の気候を把握しておくとよいでしょう。生まれ育った場所の気候がわかれば、育てたい植物を選ぶ時の目安になります。

ベランダ環境と条件のよさそうなものを選ぶとともに、原産地の気候を意識した温度や湿度で栽培することで、元気で育てることができます。

× Bad!
日当たりを好む植物を日陰に植えれば生育が悪くなり、反対に日陰を好む植物を日当たりのよい場所で育てようとすると、スクスクと育てるのは難しくなる。

Check!
- 植物ごとの原産地の気候を知る。
- ベランダ環境をチェックして、相性を考える。
- 環境に合う野菜を選び、よりよい栽培方法で。

コツのコツ
上手に育てるための基本は日当たり！

植物は太陽の光を葉で受けて養分を作り出すので（光合成）、日照は不可欠。日照がまずまずならレタス、ニラ、ハーブ類など。セリやミツバは日当たりが悪くても栽培可能です。

コツ 2
おもな原産地を知る

【日本】ミズナ、ミツバ、フキなど。
【中国】アズキ、ダイズ、アブラナなど。
【東アジア】ニラ、ネギ、ハクサイなど。
【インド】キュウリ、ナス、ゴーヤなど。
【西アジア】ホウレンソウ、ダイコン、タマネギ、ニンジン、ニンニクなど。
【ヨーロッパ】パセリ、ブロッコリー、ルッコラ、レタス、各種ハーブなど。
【アフリカ】オクラ、ゴマなど。
【北アメリカ】ズッキーニなど。
【熱帯アメリカ】ピーマンなど。
【南アメリカ】イチゴ、トマトなど。

市販苗の説明札にも原産地などの情報が。

コツ 3
春植え、秋植えの目安にもなる

植物の原産地を知ることは、四季のある日本ではタネをまく時期や、植え付けの目安にもなります。

基本的に原産地の気候が暑い場所のものは生育適温が比較的高いものが多いため、春にタネをまいたり、植え付けたりするものが多いとされます。

また、反対に原産地の気候が冷涼な場合は秋にタネをまいたり、植え付けをする植物が多いとされます。その他、原産地の雨量から水を好むか、好まないかも推測する目安になります。日当たりの良いベランダ菜園では、乾燥を好む植物を探すとよいでしょう。

MEMO
原産地の気温や状況を知りたい場合は、植物園の温室に出かけるといいでしょう。何度、植えても枯れてしまう場合などは実際の環境を確認すること大切に。

環境に合う植物の選び方

❶ベランダの環境をチェックする。

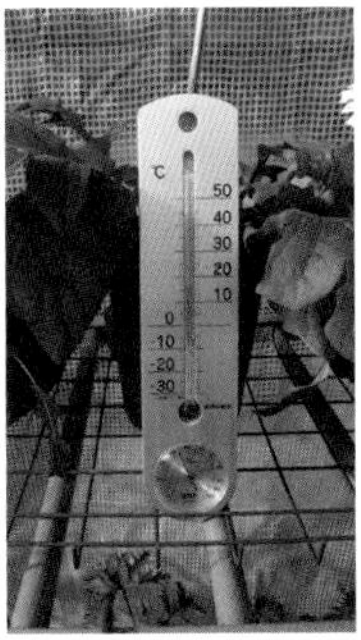

❷どんな野菜をどんなコンテナで育てるか考える。

❸原産地の気候を考えて、適した場所で育てる。

タネから育てるコツ

こんな悩みに　発芽率が悪い、発芽しても育ちが悪い　など

あると便利　各種のタネ、タネまき用の土など

Point!

タネからなら珍しい植物も育てられます。ベランダに変化をつけてみましょう！

コツ1 タネ袋をチェック

同じ野菜にもいろいろな品種がありますが、苗で入手できるものは限られています。目先を変えたい時は、苗ではなくタネを探してみてはいかがでしょう。珍しい野菜を育ててみたい人には、海外のタネがオススメです。

タネのまき方は、タネの大きさや性質によっていろいろですが、上手に発芽させるためには、タネまきの適期を間違わないようにすることです。そのためにも、購入したタネ袋の説明をよく読むようにしてください。

○ Good!

購入後のタネは、湿気や直接日光を避けて保存することが大切。また、タネは長期保存するのではなく、タネ袋記載の有効期限までに使い切るようにする。

コツのコツ シーダーテープを使ってみては

シーダーテープは、各種植物のタネを適正な間隔で水溶性フィルムで作られたヒモ状のテープに封入したもの。まきたい場所にヒモを切って置くだけでタネまきができます。コンテナだけでなく、家庭菜園などでも便利！

Check!

- □ 袋に採取年月日や採取地、発芽率などが明記されているものを選ぶ。
- □ 日の当たらない場所でタネ袋を管理している販売店を選ぶ。

コツ 2

まき方を考える

市販苗はポットまきが中心でも、直まきがよい野菜もある。

【直まき】 定植用コンテナにタネをまいて育てる方法。ダイコン、マメ類など移植を嫌う植物や、ベビーリーフなど、栽培から収穫までの期間が30～40日と短いものに適しています。

【床まき（ポットまき）】 育苗ポットやケースなどで育てて、根が十分に育ってから定植用コンテナに移植する方法。ゴーヤ、キュウリなど、ポット内で根を十分に育てていきたいものに適しています。

【筋まき】 コマツナ、ホウレンソウ、ミニニンジンなど小粒、中粒のタネ。特に直まきタイプの葉菜類に。指先や割り箸などで細い溝を作り、その中にタネをまきます。

【バラまき】 葉菜類やベビーリーフなど小粒、細粒のタネ。間引きながら育てるものに。用土全体にまんべんなく、少し高い場所から重ならないようにまきます。

小粒や細粒のタネはバラまきに。

【点まき】 ダイコン、インゲン、ゴーヤなど大粒、中粒のタネ。まく場所を決め、くぼみを作り、1カ所に数粒ずつまきます。

タネ袋は情報の宝庫

タネ袋に注目！ タネ袋には、植物の基本的な情報だけでなく、上手に発芽させ上手に育てるためのポイントが満載。

なかでも必ず守って欲しいのがタネの「まきどき」。これは、地域の気温によって設定されているもので、そのタネが発芽するための発芽適温、芽が出てからスクスク育つための生育適温に合わせて設定。

上手に発芽させたいならタネ袋の温度を意識して！

上手に発芽させよう！

❶タネ袋をよく読み、発芽適温を確認する。タネの種類によっては、一昼夜水に浸りたり、タネの表皮を削るなどして発芽しやすくする。タネをまく季節によっては、冷蔵庫に入れるなどして低温処理をするとよい。

タネは種類によってまく前に水に浸ける。

❷タネは種類により、まき方を考えてまく。また、好光性種子と嫌光性種子を意識して覆土を考える。

❸水やりはたっぷりと。好光性のタネや小さなタネの場合は、ジョウロの水圧でタネが流れてしまうことがあるので、先に用土を濡らしてからタネをまくことも大切。

タネまき後の水やりは、ジョウロでやわらかい水を与える。

❹土を乾燥させすぎないように管理する。発芽したら日光に当てる。

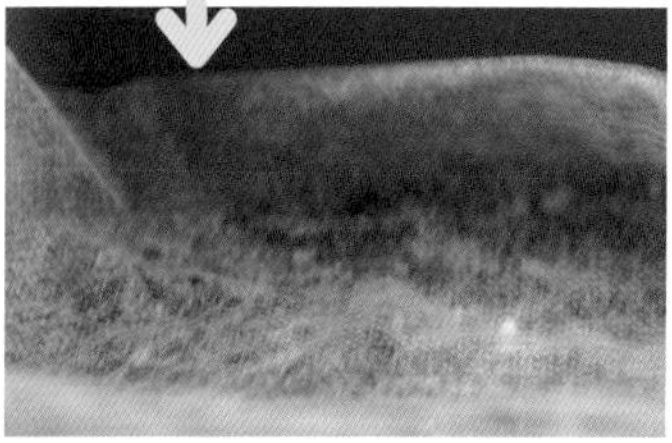

不燃紙、不織布などがあると便利。

●小さなタネには、ピートモスを圧縮させ、乾燥させて板状にしたピート板などが向く。

●植え付け後の管理を考え、専用トレーを使うと便利。ジーフィーポット等と組み合わせてもよい。

タネまき後の管理に専用トレーを使えば植え付けも手軽。

●紙製の卵ケースを育苗ポットとして再利用する方法も。底に穴を開けなくても水を通すので手軽。

捨てる前に、紙製の卵ケースを再利用。

36 苗の選び方

こんな悩みに	いい苗の選び方がわからない／苗の扱い方がわからない　など
あると便利	植え付け用の土

Point!

ベランダで失敗なく育てるには、元気で丈夫な苗を選ぶことが大切です。

コツ1 タネよりも苗がベスト

ベランダなど狭いスペースでは、タネから育てようとすると同じ植物ばかりになりがちです。そのため、市販の苗を上手に利用するといいでしょう。

苗を選ぶ場合には、「茎が太く、まっすぐ伸びている」「葉に厚みがある」「葉の色が濃い」「病虫害におかされていない」しっかりした苗を選ぶことが大切です。また、初心者の場合には、病気などに強い接木苗がオススメです。

市販苗は葉色が良く、病中害の形跡がないものを。

コツ2 苗の扱いは丁寧に

しっかりした苗を手に入れても、扱いが煩雑だとダメージを与えてしまい、結果としてうまく育たなくなってしまいます。なかでも先端、葉、茎、株元、根は傷つきやすい部位。

ビニールポットから取り出す時に傷めると、失敗の原因になりやすいので、注意が必要です。葉を落としたり、茎を折ったりしないためにも、できるだけ植物本体には触れないように気をつけましょう。

Check!

- 茎が太く、葉の密度が濃いものを選ぶ。
- 病害虫の形跡がないか、しっかりチェック。
- 苗の扱いにも気をつける。

37 風通しを意識して育てる

こんな悩みに
うまく間引きができない
間引きのタイミングがわからない

あると便利
ピンセット

Point!
風通しが悪いベランダでは密生に注意。コンテナも密集させないように。

コツ1 風通しを考える

「たくさん育てたい！」という気持ちはわかりますが、植物を育てる上で大切なことは風通しです。そのため、並べるコンテナやプランターはギュウギュウではなく、ある程度隙間を作るようにして並べることが大切です。

また、ひとつのコンテナに数多く植えても育ちが悪くなるだけですのでコンテナの大きさに合わせた数で植えるようにしましょう。風通しをよくして育てることは、病害虫の予防にもつながります。

また、タネから育てている場合には、思ったより多く発芽することがあります。その場合は、間引きで植物の数を調整するようにすることも大切です。

コツのコツ 間引き苗は捨てずに利用

間引いた小さな苗を捨ててしまう方もいますが、アブラナ科やキク科の野菜の場合は食べることも可能。捨てずにスープの浮き実などの利用を。ただし、草花系の植物の場合には毒性があるため注意が必要です。

Check!

- 葉先が隣の株に触れ合うぐらいになったら、小さいものや葉の形が悪いものを間引く。
- 間引き後は土寄せする。

コツ 2 間引きのポイント

タネをまきたくさんの芽がでたら、その中からよりしっかり育っているものを残し、それ以外の芽を土から引き抜く作業が「間引き」。

間引きすることで、病虫害の防除だけでなく、新芽同士の根の衝突や密集も防ぐことができます。

間引きのタイミングは、1回目は発芽し双葉開く時期に左右の葉がぶつからない程度に間引き、その後はひとまわり成長することを目安に行うことがオススメです。

間引き後は、苗が倒れないように左右の土を寄せましょう。

MEMO

点まき、ばらまきをした場合も、1回目の間引きのタイミングは同じ。直まき、ポットまき、床まきも同様に、双葉が開いたら1回目の間引きをするようにしましょう。

元気に育てる間引きのコツ

❶双葉が開き、込み合ってきたら1回目の間引きを。間引きのタイミングは野菜の種類によって異なるが、株がひと回り成長するごとに間隔を広げるようにするのが基本。

左右の葉が重ならないように間引き。

❷込み合っている場所を中心に、葉の形が悪いもの、元気がないものなどを選び、株元を持って引き抜き、土寄せする。

❸ひと回り成長するごとに間引きし、風通しをよくして病虫害を防ぐ。

間引きの一番の目的は、病虫害の予防。

● レタスなど、細く小さな苗にはピンセットを使うようにするとよい。

● 移植する場合には、余分なビニールポットなどがあると便利。

苗の植え付けのコツ

こんな悩みに 購入した苗の植え方がわからない／植え付け後になぜか枯れてしまう

あると便利 ひと回り大きなコンテナ

Point!
日当たりの強いベランダでは、植え付けから定着するまでの管理に注意。

コツ1 コンテナには、鉢底ネット

苗を植え付けるコンテナに限らず、鉢底に穴があるコンテナの場合には必ず鉢底ネットなどで穴をふさぐことが大切です。これは、土の流出のためではなく、鉢底の穴から各種の害虫を進入させないためです。その後、適した土を入れてから、苗を植え付けていきましょう。

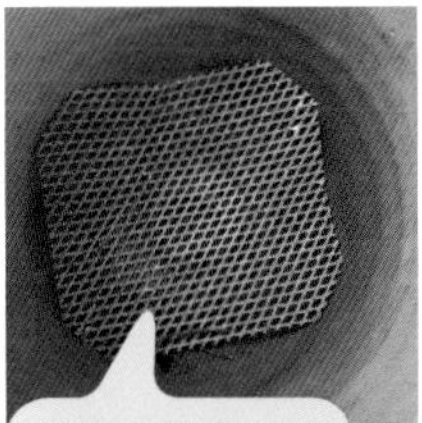

鉢底石は入れなくても、鉢底ネットは忘れず！

○ Good!
コンテナやプランターに複数の苗を植える場合は、成長後のことを考え苗と苗の間はあけて植え付ける。

コツのコツ 購入した苗は根洗も効果的

購入苗の場合、苗が育っている土の状態があまりよくない場合や、自分が育てる環境の土と違いすぎる場合などには、一度ついている土を水で洗い流す根洗いがオススメ。方法は、バケツなどに水を張り、根鉢を振ったり揉んだりして土を洗い流します。根洗い後は、根が乾く前に新しい土に植え付けるようにしましょう。

Check!

- □ タネから育てたものは草丈10cmの頃が植え替えの目安。
- □ 果菜類は一番花がついた頃に。
- □ 根が定着するまでは直射日光は避ける。

コツ 2

根の扱いに注意

ビニールポットなどから出した時に細かい根が切れたり、傷んでしまったり、乾いたりすることで、植え付け後に元気がなくなるケースも少なくないようです。

根にダメージを与えないよう、扱いには注意しましょう。

根洗いや、根をほぐしたりカットしたりすることは、根や苗の状態がよいなら必ずしも必要ではありません。かえって根にダメージを与えたり、根菜など直根の場合には主根を切ってしまうと元気がなくなったりするので、気をつけましょう。

MEMO

大きい苗だと思って購入したが、株元を見ると何本も植えられている場合は植え付け時には、間引きをして1箇所に1本がベスト！苗購入時には、ポットの中の本数も忘れずに確認を。

植え付けは基本に忠実に

❶コンテナに、鉢底ネットを置く。

❷苗をビニールポットなどからていねいに出す。必要に応じて根を軽くほぐしたり、根洗いをしたりする。傷んだ部分は取り除く。

根にダメージがないかチェックする。

❸用土を3分の1ほど入れ、苗を入れて高さを調整。

用土を全部入れる前に、高さを確認。

❹苗をコンテナに置き、用土を加え、株が倒れないように軽く押さえる。

株が倒れないよう、軽く押さえる。

❺水は鉢底から流れるぐらいたっぷりやる。根が定着するまで、直射日光を避けて管理する。

水はたっぷりと。定着するまで直射日光を避けて管理。

39 ツル性植物は誘引も忘れずに

こんな悩みに 風の強い日が気になる／誘引した枝が折れないか心配など

あると便利 支柱、園芸ネット、トレリス、合成樹脂バンド、ヒモなど

Point! 階数の高いベランダでは、特にしっかりと用具を固定しましょう。

コツ1 倒れないようにする

つる性の植物や、トマトやナスなどの大きくなる果菜を育てるためには、茎をヒモなどで結んで支え、倒れないようにする誘引が必要です。

棒や柵、ネットに誘引する。

園芸用の誘引資材には、いろいろなものがあります。庭や畑なら、支柱で本格的な仕立て方ができますが、ベランダでは支柱立てつきのコンテナや、トレリス、園芸用ネットなどが手軽。ナチュラル感を演出したいなら、ラティスやトレリスがオススメです。

Check!

- 風に吹かれて折れるのを防ぐため、茎はきつく縛りすぎない。
- つる性の植物は、ベランダの外まで広がらないようにする。

コツのコツ 合成樹脂のバンドが何かと便利

支柱やトレリスの固定には、荷造りに使う結束バンドのようなものがあると、ベランダ設備にも傷がつきにくく、何かと便利です。

なお、つる性の植物はどんどん伸びるので、手すりの外側に広がらないよう、こまめな手入れを心がけましょう。

コツ 2 折れないようにする

誘引する時は、きつく縛りすぎないように。きつく固定されていると、強い風が吹いた時に茎が折れやすくなってしまうので、ややゆとりをもたせて固定するようにしましょう。

✕ Bad!

小さい苗で茎が細い時にきつく縛ってそのままにしておくと、成長し茎が太くなった時にテープなどが茎に食い込みダメージを受けたり、折れたりする場合もある。そのため、ややゆとりを持たせて固定する。

8の字状にヒモをかけて、遊びをもたせる。

誘引で縦の空間を演出！

支柱立てのついているコンテナが便利。

❶誘引に必要な資材を用意する。結束には、園芸用として市販されているテープや結束ヒモのほか、家にあるものを使ってもよい。天然繊維でできているものは環境にもやさしい。

自分で巻きついていくものは、つる先を絡ませる。

❷サヤエンドウ、インゲンマメなど、自分で巻きついていく性質があるものは、横に支柱を立てたり、つる先をネットに絡ませたりするだけでOK。そうでないものは、ややゆとりをもたせて固定する。誘引中に折れてしまった場合は、焦らずにすぐテープなどで固定し、誘引する。

40 大きく育てるコツは摘心

こんな悩みに　葉や花が少ない　収量が少ない　など

あると便利　ハサミ

Point! スペースに限りがあるベランダでは、摘心や整枝などの手入れも大切。

コツ1 果菜は摘心を

植物の成長点を摘み取る作業のことを摘心と呼び、開花・結実の促進や、整枝を目的に行います。

成長点は植物の先端部分にある。

摘心後の植物は、茎の中にある他の成長点が活発になり、わき芽を出す性質があります。その結果、横に広がって成長するため、葉菜類・果菜類の摘心は収穫量を上げることにもつながります。トマトやキュウリは伸びすぎを抑えることができ、管理しやすくなるという利点も。

コツ2 わき芽を調整する

わき芽は葉のつけ根から出る芽のこと。主軸の茎の成長をよくしたり、主軸に直接つく実を充実させたい時には、わき芽かきをして、わき芽の数を調整します。

わき芽をすべて取り、1本の茎だけを育てる1本仕立て、主茎にわき芽をひとつ残してY字形に育てる2本仕立て、主軸とわき芽と合わせて3本で育てる3本仕立てなどがあり、野菜の種類や目的に応じて仕立てます。

Check!

- 倒れそうになったら摘心を。
- トマトやナスは支柱より高くなったら摘心。
- 先端を摘心することで枝葉、実の充実に役立つ。

41 寄せ植えで育てる

こんな悩みに
ベランダの眺めが単調
花も育てたいがスペースにゆとりがない　など

あると便利
大きめのコンテナ、ハンギング用コンテナ、土袋など

Point!
野菜だけでなく花も楽しめるものを選べば、ベランダがもっと彩り豊かに！

コツ1 スペースがないなら寄せ植えを

色々な植物を育てたい！　でもスペースにゆとりがないという方は、ひとつのコンテナに何種類かの植物を一緒に植え込む寄せ植えにするのもオススメです。

寄せ植えにするコツは、水やりのペースを考えて同じ原産地の植物を選ぶようにすることで管理がしやすくなります。また、病虫害の防除などを考えたいならコンパニオンプランツを意識するのもいいでしょう。

七草も寄せ植えにひとつ。

コツ2 プレゼントなどにも！

オシャレに植え込んだ寄せ植えはプレゼントにもオススメです。ポタジェガーデン（フランスの家庭菜園）的な要素を取り入れて、野菜だけでなく、エディフルフラワーとして楽しめる草花などを取り合わせることで華やかな寄せ植えを作ることもできます。

その場合は、同じ高さのものばかりではなくフラワーアレンジメントのように植物の高低差なども意識すると良いでしょう。

Check!
- 寄せ植えは目的に合わせて。
- スターターは同じ管理ができるものを。
- ひとつのコンテナに寄せ植えするのは3種類程度に。

42 増やして楽しむコツ

こんな悩みに　植物を上手に増やしたい
挿し木や株分けの方法が知りたい

あると便利　ハサミ、挿し木用の土、ビニールポット、小袋

Point!

ベランダで増やすなら、あまり栽培スペースをとらないハーブなどを！

コツ1 増やし方は色々

育てている植物を増やしたいと思った時は、タネや球根やむかごやイモとったり、挿し木や株分けなどで増やすことができます。

植物によって、挿し木や株分けが難しいものやタネからは発芽しにくいものなどがあります。トマト、ナス、ゴーヤ、カボチャなど夏の果菜類の多くは、完熟を待たずに収穫することが多いため、タネが欲しい場合には完熟を待つようにしましょう。

また、挿し木は多くの植物で行うことができる繁殖手段のひとつですが、接木苗の場合には同じものが実らないケースもあるようです。タネ、イモ、球根などは収穫後、必ず名前がわかるようにしてから、タネまきや植え付け時期まで風通しが良い場所で、上手に保存することが大切です。

Check!

- □ 植物は色々な繁殖方法がある。
- □ 植物によって繁殖方法は異なる。

コツのコツ 挿し木可能の野菜苗もある

夏野菜の代表トマトは、挿し木で増やすことも可能。株が大きくなりすぎてしまった時などは、適度に選定し、切り落とした部分をコンテナに挿したり、水につけて置くと発根することもあります。生育期間中なら開花し、実をつけることもあります。

コツ2 挿し木と株分け

挿し木は植物体から一部を切り取り、根や芽を発生させる繁殖方法です。植物により茎を使うものや、葉を使うもの、根の一部を使うものなど色々です。

アロエなどの多肉植物や観葉植物、各種のハーブ類、トマト、キュウリ、パッションフルーツなど比較的簡単にできます。

また、株分けは親株の周囲にいくつかの子株がつく場合やイチゴのように子株を作る植物などで行えます。

親株から切り離すことで、子株の成長が早くなります。

MEMO

農業者等(農業を営む個人又は農地所有適格法人)が、登録(出願)品種のなかには、法律で自家増殖が、種苗法施行規則より制限されているものあります。

挿し木の実際 ～ローズマリーの場合～

❶ハーブの代表ローズマリーを挿し木する場合は、生育適温20℃前後の季節(春、秋)に。挿し木に使う部位は枝先。切り取るために使用する刃物は、必ず消毒したものを。

挿し穂の長さは10センチ程度。老木よりも、若木を利用。

❷挿し木にするための挿し穂の切り口は斜めに切る。また、蒸散を防ぐため、下の葉は取り除く。

切り口は斜めになるようにカットする。

❸挿し木用の土を浅い鉢などに入れ、挿し床を用意し、軽く湿らせる。切り口にできれば、発根剤やケイ酸塩白土を付けるてから斜めに挿していく。

挿し木、タネまき用の土がベスト

❹しっかり発根するまでは半日陰で管理する。水は土が完全に乾いてから与える。新芽が出たら、小さなビニールポットなどに移植を。

水はやりすぎないこと。

43 インスタ映えする演出方法

こんな悩みに　せっかくベランダで育てているから、素敵な写真を撮影したい

あると便利　レフの代わりになるボード、各種小物、掃除用具、覆土など

Point!

ちょっとした工夫で、写真をより素敵になります。

コツ1 太陽の光を上手に使う

ベランダなど屋外で植物に限らず、キレイに写真を撮影するためには太陽の光を意識しましょう。

これは、太陽の光が強すぎて、弱すぎても思ったような色合いの写真にならないからです。そのため、被写体にしたいものには白いボードやあるいはアルミシートなどを使って光を調整するといいでしょう。

また、人物の撮影などにはあまり適さない逆光も、植物を美しく演出することができます。

また、置かれているコンテナをそのまま、その場所で撮影することが自然だと思いがちですが、撮影前にはコンテナの周囲を軽く掃除することも忘れないようにしましょう。

コツ2 アップやアングルを変えて撮影を

植物は野菜に限らずいつもと違うアングルで撮影したり、被写体に思いっきり近づいてアップで撮影してみることもオススメです。また、各種のアイテムと組み合わせたり、ペットと一緒に撮影することで人は違う素敵な写真が撮影できます。撮影し写真でフォトブックどを作るのもオススメです。

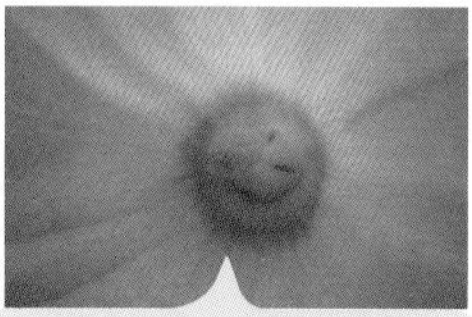

花などをアップで撮影も！

Check!

- □ スマホでも十分キレイに撮影できる。
- □ 太陽の光を上手に使うと良い。

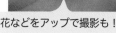

44

ネコ、鳥などの進入動物に注意

こんな悩みに
ベランダでせっかく実っても鳥などに食べられてしまう
コンテナをネコに荒される

あると便利
ネコよけ、鳥よけ

Point!

ベランダガーデニングでは、ネコや鳥の被害は多いもの。上手に防除するようにしましょう。

コツ 1 早めに対処を！

土が少ない集合住宅のベランダや菜園で問題になるのがネコ被害。大切に育ててきたコンテナの土を掘り返されてしまうのは困りものです。ネコよけの対策には、かわいそうだと思っても、餌付けをしないことが一番です。

また、アイテムとしては超音波を使うもの、臭いを使うもの、道具を使うものなど色々あります。が、ネコの飼い主が特定できる場合には、深刻なトラブルになる前に飼い主に注意を促すことも効果的です。

トラブルになる前に対策を

コツ 2 鳥はネットで防除

ベランダでコンテナ栽培をしていると実りの時期になると鳥による被害を受けてしまうことも少なくありません。鳥よけなどを張ってガードすることも忘れずに。

また、最近はバードフィーダー（餌台）がガーデニングファニチャーとして、人気のアイテムひとつになっているようですが、集合住宅などではご近所に糞害などの被害を与えないようにする対処も大切です。

Check!

- □ ネコの被害で困っている。
- □ 鳥の被害にあっている。
- □ 何らかの対策をする。

園芸用語 Ⅱ

液体肥料【えきたいひりょう】
液体の状態で使用する肥料です。初めから液体である肥料と、粉末を水に溶かして使うものがあります。また、液体のものでは、原液をそのまま使えるタイプと希釈(薄める)タイプに分かれます。いずれも水溶性なので、効き目は、固形のものよりも速いです。

エクステリア【exterior】
本来は家の外観のことで、玄関まわりや垣根など、屋外の空間のことですが、トレリスやアーチなど屋外で使われるアイテムなどの総称としても使われています。

F1品種【エフワンひんしゅ】
タネ袋などで目にすることもあります。F1とは、遺伝子の異なる両親の間にできた雑種一代目のことです。

置き肥【おきひ、おきごえ】
土の中に肥料を混ぜ込まないで、肥料を土の上に置く肥料の与え方のことです。

親株【おやかぶ】
さし木やつぎ木、株分けをする時に、もとにする株のことです。親株にする株は病気など心配がない元気なものを選びましょう。

開花【かいか】
花が咲くこと。花の咲く時期をコントロールすることは開花調節と呼ばれます。

害虫【がいちゅう】
植物に害を与える虫のことです。花や葉を食べたり、樹液を吸ったりします。早期発見して駆除することも大切です。

外来植物【がいらいしょくぶつ】
外国から日本にやってきた植物の総称です。

化成肥料【かせいひりょう】
無機物を化学合成してつくられた肥料で、成分の量を人工的に組み合わせることができます。有機質から作られる肥料は「有機質肥料」と呼びます。

株元【かぶもと】
基本的に根元のことです。

株分け【かぶわけ】
多くなったり、大きくなった株を分けて増やすことです。多くの場合は休眠期に行います。

灌水【かんすい】
植物に水を与えること。水やりのことです。

木立ち性
【きだちせい、こだちせい)
草なのに茎が木の幹のようになる性質のこと。

シェードガーデン
【shade garden】
日陰の庭のことを言います。ベランダが日陰の場合には、シェードガーデンで使われる植物を取り入れるようにするといいでしょう。

直まき【じかまき】
移植を嫌う植物に用いられるタネのまき方です。コンテナや花壇、畑などにタネを直接まく方法で、間引きしながら育てます。

除草【じょそう】
雑草を抜くことです。各種の雑草は、生育旺盛で根が深く広く伸びていくので、コンテナ栽培では小さいうちに根から抜き取るようにしましょう。

促成栽培【そくせいさいばい】
自然の収穫時期より早く花を咲かせたり、収穫したりする栽培方法のことです。イチゴやチューリップなどが冬に店頭に並ぶのはこのためです。

耐寒性【たいかんせい】
寒さや低温に耐えられる性質のことです。暑さに耐えられ性質は「耐暑性」。

耐病性品種
【たいびょうせいひんしゅ】
植物のある病気に対して、抵抗性をもつように改良された品種のこと。

徒長【とちょう】
通常の栽培に比べ、茎や枝が長く伸びてしまっている状態。日光不足や高温、チッ素肥料が多すぎたことなどが原因で起こる。

45-55

野菜を育てるI
～実を食べる～

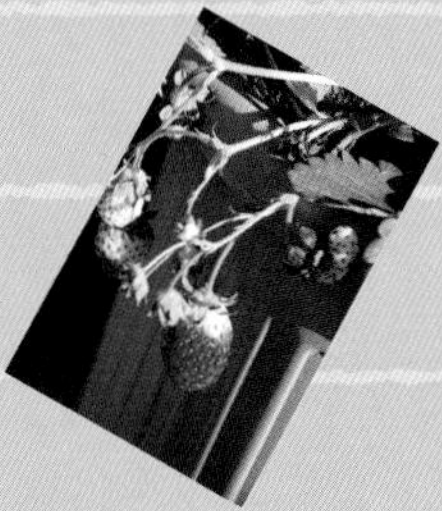

45 トマト

苗はゴールデンウィークを過ぎてから購入

ナス科

原産地　中南米

収穫適期　春　夏　秋　冬

生育適温　10　15　20　25　30　35

栽培難易度　比較的簡単

Point!

ベランダにミツバチなどが来ない場合は、人工的授粉をする必要があります。

コツ1 苗の購入は早過ぎないように！

トマト苗は早い場所では、3月末から出回りますが、生育適温は昼間は25℃以上と高く真夏に強い植物です。

出回りはじめたからと、苗を購入してしまうと葉ばかり茂ってしまうことになります。そのため、一番花の咲いていて緑が濃く、徒長せずにしっかり育っている苗をゴールデンウィークを過ぎてから購入することをオススメします。

Good!

苗を選ぶ時は、葉や茎の緑が濃く、全体にずんぐりと成長したものがベスト。また、初心者には病気などにも強い接木苗の方が育てやすい。

Check!

- ベランダ環境に合う品種を選ぶ。
- 実がつかない場合は人工的受粉を行う。
- しっかり育てるなら接ぎ木苗で育てる。

コツのコツ よりしっかり育てるなら元気な接ぎ木苗を選ぶ

ベランダでトマトを元気に育てたいなら、できるだけしっかりした接ぎ木苗を選んで。

コツ2 風が強すぎる場所はNG

風の強いベランダで栽培する時は、風除けや支柱を使うことが大切です。これは育てているトマトの苗が風で動き動く根の張りが悪くなり、元気に育って行かないからです。

そのため成長に合わせ、支柱を立てるようにしましょう。また、実の付きが悪い時は人工受粉なども効果的です。

コツ3 土袋栽培がオススメ

トマトは丈が大きくなるので、深めのコンテナを使うようにしましょう。

最近は、袋のままトマトを育てることができる土袋なども販売されていますので、失敗続きの方は利用してみると良いでしょう。その他、ベランダでの水耕栽培もオススメです。

ベランダ向きの品種

アイコ(ミニトマト)

長型のプラムタイプ。肉厚でゼリー質は少ないが糖度が高い。とにかく育てやすい品種なのでスターターにピッタリ。

果形が細長いプラム形のトマト。

キャロル(ミニトマト)

オレンジや黄色などカラフルなトマトを楽しむことができる。ベランダ栽培をオシャレに楽しみたい方にオススメ。

イタリア系のトマト

最近は、苗で販売されているものも多数あり。色や形が珍しいものも多いので、タネから育ててみるのもいいかも！　料理好きの方はチャレンジを。

水　やや乾かし気味に育てる

どちらかというと湿った土を嫌う植物。植え付け後はたっぷりと水をやり、あとはやや乾かし気味に。

肥料　やりすぎに気をつけながら定期的に追肥を

実がついたら2週間に1回追肥。ただし、やりすぎると落花の原因になるほか、葉や茎が硬くなり、倒れやすくなるので注意。

栽培

植え付け 5月の連休前後が適期。植え付け後は、たっぷり水をやる。

誘引 成長に伴い、枝が折れないように支柱に誘引する。

わき芽かき 各節から出てくるわき芽は手でかき取り、主枝だけを1本伸ばすようにする。

わき芽を取り、主枝だけを伸ばす。

収穫 熟したものは早めに収穫したほうが他の実を甘くおいしく育てることができる。

ピーマン

一番果を早めにとり、収穫期間を長くする

ナス科

原産地　南アメリカ

収穫適期　春　夏　秋　冬

生育適温　10　15　20　25　30　35

栽培難易度　やや難しい

Point!

ベランダでも10号以上の大きなコンテナを使った栽培をオススメします。

コツ1 やや深めのコンテナを利用

ピーマンの根は他の野菜に比べやや浅く根を張ります。しかし、多湿を嫌う植物なので、土袋にそのまま植えたり、やや深めのコンテナを使うことがオススメ。プランターなどで育てる場合は、株間は品種にもよりますが、株間は30～50cmを心掛け、植える過ぎてしまわないようにしましょう。

また、市販苗を植え付けた直後は乾かさないように管理し、一番最初に実った一番果は実らせずに、花後に小さな実を見たらすぐに取り去ることが、上手に育てるポイントです。

最初の実は取り去る。

Check!

- 大きなコンテナで育てて、一番果は小さいうちに収穫。
- 寒さ、乾燥、肥料切れに注意。
- 害虫予防は毎日の観察が基本。

コツのコツ 古土は連作障害に注意を！

再生した古土の場合、ピーマンはもちろんですが、同じナス科のナス、トマト、ジャガイモ等を栽培していた場合は連作障害がでることもあるので注意が必要です。他の科の植物を楽しみ3～4年後から使うことをおすすめします。肥料を足して草花類、観葉植物、多肉植物などの土として再利用してはいかがでしょうか。

コツ2 病虫害対策は早めに

ピーマンは病害虫に強い！と思い込んでいる方もいるようですが、油断しているとアブラムシなどの害虫が付きやすい植物です。そのため、ベランダで失敗なく育てたいなら土に混ぜ込むタイプの殺虫剤など上手に使用することをオススメします。

成長点部分に虫がつきやすい。

また、成長し枝葉が繁茂した場合には風通しをよくするためにも適度な剪定を心がけましょう。

コツ3 ピーマン類の苗購入は、ゴールデンウィークが目安

パプリカ、シシトウ、トウガラシなどのピーマン類は夏の暑さを好み成長します。そのため、出回りだしたらすぐに購入するよりゴールデンウィーク頃購入するのがベスト。

また、色の美しいパプリカは栽培日数がピーマンに比べ長いものが多いため、ベランダではミニパプリカがオススメ。

✕ Bad!

無農薬にこだわりすぎて放置すると、大量発生や病気の原因になるので注意。

MEMO

オススメの品種は小型で収穫量が多く形のユニークな「バナナピーマン」。また、タネがない注目品種「タネなっぴー」もオススメ。

バナナピーマン

水 乾燥に弱いので水やりはこまめに

根が細かいため、ポットから出す際に根を傷めないように注意し、植え付け後は水をたっぷり与えましょう。乾燥が激しい場合はマルチングなどを。

肥料 実がついたら2週間に1回

追肥を上手に与えることで次々に実がなります。固形肥料を根元に置くか、水やりを兼ねて液肥を与えるようにするのもいいでしょう。

栽培

タネまき タネより市販苗から育てるほうが失敗なくスクスク育てられます。寒さに弱いため早植えは禁物。最初の花が咲く頃に植え付けを。

支柱立て 植えた苗がぐらつかないように、株から少し離した場所に支柱を立て倒れないように誘引する。

わき芽かき 株が成長し、一番花が咲いたら、その花の下のわき芽2本を残し、その他の芽はかきとる。

収穫 実がなりだしたら早めに。

キュウリ

病害虫に注意して育てる

ウリ科

原産地　インド北西部

収穫適期　春　夏　秋　冬

生育適温　10　15　20　25　30　35

栽培難易度　やや難しい

Point!
キュウリの病気予防には、ネギ類との混植がよいという説も。

コツ1 タネよりも苗から育てたい

キュウリは一株でも多くの実りが楽しめます。そのため、タネから育てるよりも、苗から育てることをオススメします。苗を選ぶ時のポイントは、葉の緑が濃く、茎が太い、節と節が詰まったものを選ぶといいでしょう。

コツ2 病害虫に注意を

キュウリは病虫害に注意したい植物。そのため、ネットに風通しを考え誘引し、日々観察し害虫を目にしたら早めの駆除を心がけてください。害虫の発生に伴い、各種の病気などに注意を。

ミニ知識

店頭で販売されているキュウリに比べ、太く大きくなったり黄くなったキュウリは、皮をむきスープや炒め物の具材としても楽しめる。

栽培

タネまき 発芽温度が比較的高いので暖かくなってからまくことが大切。

植え付け 本葉3～4枚になる頃。植え付け後は水やりをたっぷりと。

誘引 親づるは支柱に誘引し、支柱より高くなったら先端の摘心。

収穫 収穫が遅れ果実が大きくなると、株に負担をかけるので注意。

水
発芽するまで乾燥させないように

肥料
おいしく育てるためにも週に1回を目安に与える

Check!

- 肥料切れにならないようにする。
- 水のやり忘れに注意。
- 育ちすぎに注意。おいしく味わうためにも適期に収穫する。

48 ゴーヤ

緑のカーテンでも大人気

ウリ科

原産地　東インド、熱帯アジア

収穫適期　春　夏　秋　冬

生育適温　10　15　20　25　30　35

栽培難易度　比較的簡単

Point!

緑のカーテンとして日よけにも。

コツ1 植え付けは初夏がベスト

タネから育てたいなら、4月上旬から5月にかけて粒まきにします。双葉になったら一度間引き、さらに本葉を見たら間引くようにしながら育てます。苗を購入する場合は、梅雨明け後すぐに購入し、植え付けを。

コツ2 病虫害に注意して育てる

病害虫には強い植物ですが、葉の裏にハダニなどがついた場合は、強く散水をして流し落とすか、早めに農薬散布しましょう。

実は完熟するとオレンジ色になり、タネの周囲は赤く甘いゼリー状に。

水　土の表面が乾いたら湿らす程度に

肥料　不足に注意して2週間に1回の追肥を

栽培

タネまき　タネの一部を傷つけて2時間ほど水に浸し、吸水させれば発芽率がよくなる。

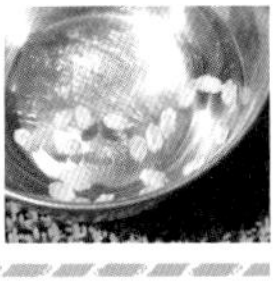

植え付け　市販苗から育てるなら、5月の連休明けが適期。

摘心　草丈が大きくなったら。

収穫　果実の形ができたら。小さな実もピクルスなどで楽しめる。

Check!

- 購入苗を植え付けは初夏に。
- ハダニに注意。
- 水やりはたっぷり与える。

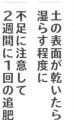

49

ナス

接木苗を選ぶと育てやすい

ナス科

原産地　インド

収穫適期　春　**夏**　**秋**　冬

生育適温　10　15　20　25　30　35

栽培難易度　比較的簡単

Point!

全国的に作りやすいとされる中長ナスがベランダ向きの品種。

コツ1 接木苗を選ぶ

接木苗はタネから育てた実生苗に比べ、病気に強くとても育てやすいもの。ベランダ失敗なくナスを育てたいなら、一番花を咲かせている接木苗を選ぶことがオススメです。また、自分で接木を行う場合には、毒性のないナス科植物を選んで接木するようにしましょう。

コツ2 早めに支柱は立てる

風などによる転倒を防止するためにも、早めに支柱を立てるようにしましょう。そのため、支柱穴付きの大きめのコンテナを選ぶといいでしょう。また、肥料不足に注意し、定期的に追肥を。

栽培のながれ

植え付け　ベランダでは苗からがオススメ。本葉7～8枚で植え付ける。

病虫害　アブラムシを見たら牛乳を霧吹き等でかけて駆除を。アブラムシを駆除すれば、アリも少なくなる。

誘引　実が大きくなったら。

収穫　実がなりだしたら。小さいものは漬け物などにして。

水　植え付け時にはたっぷり、その後は表土が乾いたら

肥料　肥料不足にならないように注意

Check!

- 丈夫に育てるには、暖かくなってから接ぎ木苗を植え付ける。
- 肥料の切れに注意。葉や実を観察し、必要に応じて追肥する。

50 トウモロコシ

数本まとめて育てるか、人工的授粉が確実

ウリ科

原産地　東インド、熱帯アジア

収穫適期　春　夏　秋　冬

生育適温　10　15　20　25　30　35

栽培難易度　かなり難しい

Point!

上層のベランダでは、支柱栽培用のコンテナなどに支柱を立てて風対策を。

コツ1 必ず支柱と風除けを

ベランダで栽培する場合は、まず風除けをしっかりしましょう。

使用するコンテナは転倒防止のためにも大きくて深いものを使用し、成長にしたがって支柱などを立て倒れない工夫も必要です。

コツ2 実をつけたいなら人工授粉を

多くの苗を植えることが難しいベランダでは、確実に実を付けたい時には雄花を雌花に人工受粉させるようにしましょう。

ミニ知識

トウモロコシの代表的な害虫アワノメイガの幼虫は葉を食害するだけでなく、茎にも入り込んでしまう。そのため、土にバラまくタイプの農薬などでしっかり防除を。

Check!

- 確実に収穫したい場合は人工的受粉を行う。
- 害虫対策はこまめに観察。必要に応じて殺虫剤を使う。
- 風対策を。

水

メキシコ原産なので水の与えすぎに注意！

肥料

肥料をよく吸収するので他の野菜よりもたっぷりと

栽培

タネまき　1カ所3～4粒の粒まきからスタート。

間引き　発芽して少し大きくなったら、1カ所1本にして、株間25cm程度に。プランターは2本までに。

追肥　成長に合わせて液肥なら1週間に1回、固形肥料なら2週間に1回。

収穫　ヒゲが茶色になった頃に膨らんできたら収穫

51

オクラ

大型のコンテナで育てることをオススメします。

ナス科

原産地　インド

収穫適期　春　**夏**　**秋**　冬

生育適温　10　15　20　25　30　35（20〜30）

栽培難易度　比較的簡単

Point!

思ったより大きく成長するので、大きなコンテナが必要。

コツ1 苗よりタネから育てる

オクラは植え替えを嫌うため、深さ30㎝以上のコンテナか、土袋に粒まきして育てるようにしましょう。

発芽したら、本葉が2〜3枚出るまでに間引きを。成長すると高さ1m以上になることもあるので8〜10号のコンテナなら1本で育てる

美しい花を咲かせるので、ベランダ菜園の彩りにも！

コツ2 倒れないように支柱を

草丈が高くなったら支柱で支えるようにしましょう。さらに大きく育つ場合は、頂点を摘み取り成長をストップさせるのも一案。

また、葉が繁茂しすぎた場合は、葉を整理し風通しよく育てましょう。

Check!

- 苗よりタネから育てる。
- 大きく成長するので、コンテナは大きいものを使う。

水

真夏はマルチングで土の乾燥を防ぐ

肥料

収穫期間が長いので肥料切れに注意

栽培

タネまき よく発芽させるためには、ひと晩水につけてから1カ所に3、4粒ずつ。

支柱立て 草丈30㎝程度になったら支柱を立て、茎と支柱を軽く縛る。支柱は土の奥までしっかり立てる。

追肥 収穫までこまめに。

収穫 収穫が遅れると実が硬くなり、味も落ちるので注意。

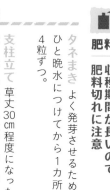

52 エンドウ

スイートピーのような花もキュート

マメ科

原産地　西アジア〜南ヨーロッパ

収穫適期　春　夏　秋　冬

生育適温　10　15　20　25　30　35

栽培難易度　比較的簡単

Point!

サヤエンドウをベランダで育てるなら、つるなしの品種がオススメ。

コツ1 ベランダではツルなしを

成長に合わせて誘引しながら育てましょう。ベランダではトレリスやネットを使うと便利です。スペースがあまりない場合は、ツルなしの品種がオススメ。

エンドウの原種とされるツタンカーメン。

コツ2 収穫の時期で品種を選ぶ

花後すぐにできるサヤを食べる「サヤエンドウ」、青い実を食べる「グリーンピース（実エンドウ）」、しっかりとしたマメになるまで待って収穫するものなど品種による違いがあります。どのタイミングで収穫したいのかを見極めましょう。

Check!

- ネットなどに誘引。どのエンドウも栽培法は基本的に同じ。
- タネから育てる場合は、園芸店などで購入したものを使う。

水

冬のあいだは土が乾いたら与える

肥料

生育がよくなってきたら定期的に追肥を

栽培

タネまき ひと晩、水に浸けたタネを、10月中旬～11月上旬に粒まき。

植え替え 本葉が2～3枚になったら。日光に十分当てる。雪や霜に弱いので、ビニールをかぶせるとよい。

誘引 支柱を立て、つるが巻きつくようにネットなどを張る。

収穫 品種に合わせて収穫する。

53 ソラマメ

冬越しで失敗しないよう、春植えの品種を選ぶ

マメ科

原産地　西アジア

収穫適期　春　夏　秋　冬

生育適温　10　15　20　25　30　35

栽培難易度　やや難しい

Point!
マメ類は鳥に狙われやすいので、ネットなどで鳥対策を！

コツ1 アブラムシの被害に注意

春先のアブラムシに注意しましょう。コンテナには、土にバラまく薬剤を使うことをオススメします。

また、アブラムシが発生すると、各種の病気にもなりやすいので殺菌、殺虫剤で早めの防除を心がけてください。

コツ2 秋まきは育ちすぎに注意

秋まきの場合は10月頃にまきますが、寒冷地や高地ではタネまきの時期を遅らせ、小苗で冬を越させたほうがうまくいくようです。

冬に入るまでに育ちすぎると寒害を受けやすくなるので気をつけて。

なお、連作は生育が悪くなるので、同じ土で育てないようにします。

Check!

- 確実に収穫したい場合は春植え品種を選ぶ。
- 連作を避ける。
- 鳥の食害を受けやすい冬はネットなどで防ぐ。

水　秋まきは冬場は夜間の水やりを控える

肥料　チッ素過多にならないようにする

栽培

タネまき　1か所2粒～3粒の粒まき。黒い部分を斜め下にして浅めに植える。

病虫害　アブラムシなどが発生するので早めに防除。

誘引　コンテナやプランターで育てる場合は、支柱に結束。

収穫　サヤに光沢が現れ、スジが黒くなったら。

54

ラッカセイ

水やりは控えめでOK

マメ科

原産地　南アメリカのアンデス地方

収穫適期　春　夏　秋　冬

生育適温　10　15　20　25　30　35

栽培難易度　比較的簡単

Point!

夏の乾燥に強いので、ベランダ栽培に向くマメ類のひとつ。

コツ1 タネは一晩水につけてから

発芽適温は20～30℃、生育適温は25～28℃とやや高めです。そのため、ゴールデンウィークを過ぎか、梅雨明けにタネをまくことをオススメします。

また、タネは一晩水につけることで発芽しやすくなります。育てるコンテナは、大型で深さがあるものを使うか、土袋や麻袋などを使うのもいいでしょう。

コツ2 水やりは控えめに！

多湿に弱いので、水やりは控えめがベスト。また、ラッカセイ（落花生）はその名の通り、開花した花が土の中にもぐりマメをつけます。

そのため、土の表面が固くなり過ぎないように気をつけましょう。培養土には、川砂を混ぜて。

Check!

- 大型プランターか、深さのある大きな袋を使って育てる。
- タネまきは暖かくなってから、天気のいい日に行う。

水　花が終わった後は乾燥に注意

肥料　できるだけ与えない

栽培

タネまき　発芽適温は地温20℃以上。低温の土の中にまいても発芽しない。

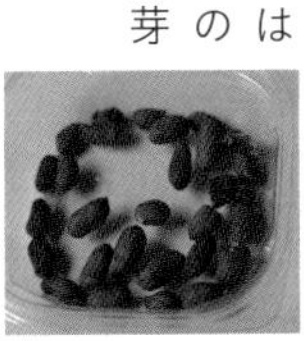

追肥　チッ素系の肥料は不要。

病虫害　アブラムシ、コガネムシの幼虫などがつくことがあるので対策を。

収穫　葉が黄色くなったら。掘ってまだ実が若い場合は数日待つ。

55

イチゴ

肥料不足にならないように

バラ科

原産地　南アメリカなど諸説あり

収穫適期　春　夏　秋　冬

生育適温　10　15　20　25　30　35

栽培難易度　比較的簡単

Point!

窓越しに花や果実の彩りが楽しめるハンギングタイプのコンテナがオススメ。

コツ1 専用の土がベスト

確実に実を付けたいなら、イチゴの専用の市販の土がオススメ。スターターなら、コンテナに土を移さず土袋に苗をそのまま植え込んで育てるようにしましょう。また、ナメクジなどの被害を防ぐには、高さのあるコンテナやハンギングタイプを選ぶといいでしょう。

品種によっては赤やピンクの花も咲く。

Good!

果実は土に接すると腐りやすいので、ベランダではハンギングタイプのコンテナを使った栽培がオススメ。

コツのコツ マルチングも効果的

イチゴの株の周囲は黒のビニールなどで覆うか、ワラなどを敷くマルチングを。こうすることで、ナメクジ予防にも。最近はコンテナの上に置くだけのマルチ資材などもあります。

ナメクジや土はねの予防に有効。

Check!

- □ 実に土がつかないよう工夫する。
- □ ミツバチが来ない場合は人工的受粉を行う。
- □ コンパニオンプランツとしてネギ類を混植する。

コツ2 必要に応じて人工的授粉を行う

ベランダにミツバチが飛んでこない場合は、人工的授粉を行います。おしべの花粉を絵筆や綿棒の先に着け、花の中央に丸く盛り上がっているめしべにつけるだけです。

おしべの花粉をめしべにつける。

ムラがあると実が変形しやすくなるので、まんべんなくつけるようにしてください。数日後にもう1回行うと、実がつきやすくなります。水やり後の授粉と、授粉後の水やりは避けるようにしましょう。

なお、花と花とを合わせるようにして受粉させる方法もあります。

コツ3 品種もイロイロ

イチゴの品種は250種類以上あるとされ、品種によって味の違いを楽しむこともできます。実が白いまま完熟する品種「白雪姫」やハーブの一種として扱われる「ワイルドストロベリー」があります。好みの品種を探して育てましょう。

× Bad!

イチゴは肥料を好むとされているが与え過ぎはNG。とくに、油かすなどのチッ素系の肥料を多量に与えると葉ばかり茂り、実りが悪くなるので注意する。

水 夏場の水やりは朝夕にたっぷりと

寒さには強いのですが、夏の暑さや乾燥には弱い面があるため、夏場の水やりは朝夕にたっぷりと。

肥料 有機質、リン酸系の肥料を与える

有機質、リン酸系の肥料を与えます。植え付け後2週間の頃と、果実が膨らんできた時に追肥を。化成肥料なら1株にひとつまみ程度を目安に、液肥は2週間に1回を目安に。

栽培

植え付け 専用のイチゴの土などを使うとよい。乾燥に注意。病害虫を防ぐため、枯葉は摘み取り、葉を整理しながら成長させる。

追肥 粒状肥料は2週間に1回程度。葉や株にかからないように。液肥の場合は1週間に1回程度。

収穫 赤く色づいたら。

繁殖 苗を増やしたい場合は、親株から伸びたランナーから伸びた子株を植え付けることで簡単に増やせる。

植物の名前について

野菜に限らず多くの呼び名がある場合があります。これは、植物の名前には通称名、流通名、英名、学名由来のもの、さらに和名、古名があるからです。

例えば、本書でも紹介している「ゴーヤ」の場合は、ラテン語で書かれ世界共通の植物名とされる学名ではMomordica charantia var. pavel。英語はBitter melon。英名はbalsam pearであったことから、日本でも苦いウリだから、苦瓜（にがうり）と呼ばれたり、ライチ（茘枝）に似ていることから蔓茘枝（つるれいし）が使われていましたが、最近では沖縄料理ブームから沖縄の方言として使われるゴーヤが流通名として使われ、一般的な名前になりました。

また、同じゴーヤでも品種により「沖縄白ゴーヤ」「あばしゴーヤ」「沖縄長れいし」「さつま大長苦瓜」など様々です。

56-66

野菜を育てるⅡ

～葉を食べる～

56 ベビーリーフ

特定の野菜ではなく、赤ちゃんの葉っぱのこと

アブラナ科、キク科など

原産地　西〜中央アジア、地中海沿岸など

収穫適期　春　夏　秋　冬

生育適温　10　15　20　25　30　35

栽培難易度　比較的簡単

Point!

ベランダや窓辺でのペットボトル栽培なども手軽でオススメです。

コツ1 イロイロな葉菜類を混ぜるとカラフル

ベビーリーフは野菜名ではなく、発芽して10日〜30日以内の野菜の葉の総称名です。ベビーリーフ、ガーデンベビーの名前で売られているタネは同じ環境で育てやすいものがミックスされています。

コンテナで育てる場合は、市販されている野菜の土を使いタネをまき、間引きをしながら育てましょう。水耕栽培で楽しむこともできます。また、発芽したばかりのものはスプラウトと呼ばれることもあります。

市販のタネはいろいろな名前で売られている。

Check!

- 自分でタネをミックスして多種類を一度に収穫。
- 発芽適温・生育適温を揃えてミックスする。
- 日照や水やりに注意する。

コツのコツ すべての植物の葉が食べられるワケではない！

ベビーリーフは、赤ちゃんの葉のこと。しかし、すべての植物の葉が食用に適しているワケではなく、花を楽しむ園芸植物の中には食用には適さないものも数多くあります。そのため、自分でミックスする場合には、葉菜類の野菜のタネを中心に使うことが大切です。

コツ2 収穫は引き抜かずにカットする

収穫は株元（根元）からハサミで切り取る方法がオススメ。こうすることで、切り取った株元からすぐに再生させることができます。一度収穫したら、忘れずに追肥も行いましょう。

ミニ知識

栄養損失が最も少ないのは、とれたてを生のまま食べること。サラダはもちろん、サンドイッチに挟んだり、肉や魚のソテーに添えたりすると彩りもよくなる。

コツ3 風の強いベランダではタネダンゴで

風が強いベランダでは、タネが風で飛ばされてしまうためタネダンゴを作ってみるのもよいでしょう。

タネダンゴは、粉状にした赤玉土とケト土をよく練り、キンカンぐらいの大きさのダンゴを作ったものを用意し、中央に化成肥料を入れ丸めます。

ベビーリーフのタネを周囲に20粒程度つけたら、粉状のケイ酸塩白土をまぶします。これを、軽く押し潰しコンテナの土の上に置けばOKです。

○ Good!

長期間収穫を楽しみたいなら、一度にタネをまかずに、数日ずらしてタネをまくと良い。また、収穫時に引き抜かずに、株元でカットして再生させたり、生育適温の異なるタネを混ぜる方法もある。

水 表土が乾いたら、鉢底から水がたっぷり流れるまで

タネをまく前に、土にたっぷりと水を含ませてからタネをまきましょう。乾かさないように注意を。

肥料 成長に合わせて追肥を施す

元肥が入っている用土ならそのまま栽培することができます。入っていない場合は、成長に合わせて液肥を与えるといいでしょう。

栽培

タネまき コンテナに用土を入れて、タネをバラまきする。土はタネが隠れる程度に薄くかぶせる。

間引き 発芽し、双葉が開いたら芽が込み合っているところを間引きする。間引きした葉はサラダなどに。

追肥 成長に合わせて適度に追肥を。

収穫 株元を残してハサミで収穫。株元を残しておくと再生し、長く収穫が楽しめる。新しい土から始めた場合は連作もできる。

57 レタス

玉レタスよりリーフレタスを

キク科

原産地　アジア〜ヨーロッパ

収穫適期　春　夏　秋　冬

生育適温　10　15　20　25　30　35

栽培難易度　かなり難しい

Point!

ベランダでは暑さや乾燥に比較的強い半結球タイプがオススメ。

コツ1 ベランダ栽培に適した品種を

レタスといえば玉になったものと思いがちですがレタスには様々な品種があり、形状や色合いも様々です。ベランダで栽培する場合は、玉レタスよりもリーフタイプがオススメです。

いずれのレタスも発芽適温は15〜20℃、生育適温も同じと温度管理も必要な葉野菜です。そのため、レタスはコンテナでは大きく成長してから収穫するよりもある程度に育ったら収穫し楽しむ方がいいでしょう。

✕ Bad!

レタスは品種によっては夏の高温で葉に苦みが出るので、気温が高くなる季節の栽培には注意が必要。

コツのコツ ベランダの明るさに注意

レタスは、ガーデンライトの光や部屋の光で、花咲せるための花芽がついた茎が伸びてしまうトウ立ちがスタートすることもあります。

そのため、トウ立ちしにくい性質に品種改良した晩抽性の品種を選ぶか、夜はダンボールなどを被せたりするのも一案です。

Check!

- 暑さに強く、大きくならない品種を選ぶ。
- 夏の高温に注意するとともに、冬の寒さ対策を。
- 水やりは表土が乾いてから。

コツ2 水やりはほどほどに！

水をやり過ぎてしまうと根腐れを起こしやすいため水はけの良い土で育てるか、場合によっては三角コーナーやザルなどを利用して育てることをオススメします。

また、害虫が発生しやすいので、虫ネット等を使用することも忘れずに。

主な品種には、「マノア」「コスレタス」「チマサンチュ」「サニーレタス」などがあります。

品種によっては淡い色の花も楽しめる。

ミニ知識

食べ頃になったら収穫し、外葉をつけたまま保存。鮮度が落ちると苦みが出るので、新鮮なうちにサラダなどにして。加熱調理でもおいしく楽しむことができる。

上手に育てるポイント

隣り合った苗と葉がぶつからないように株間をあける。

小さな苗の間引きはピンセットで。

水

表土が乾いてから水をやれば元気に！

多湿になると立ち枯れ病などが発生しやすくなるため、水やりは表土が乾いてから。レタスの中でもリーフレタスは乾燥に比較的強い。

肥料

元肥入りの用土で育てるのがベスト

生育期間が短いので、市販の元肥入り野菜用の土がオススメ。追肥の回数を減らすことができ、手軽に栽培できます。

栽培

タネまき 好光性種子なので、タネまきの時はあまり土をかけないようにし、発芽したらよく日に当てる。

間引き 成長に合わせて適度に行い、株間をあけて風通しをよくする。間引いた苗はベビーリーフとして利用できる。

追肥 成長に合わせて、液肥なら1週間に1回。固形肥料の場合は2週間に1回が目安。

収穫 適度に育ったら収穫を。

58

ルッコラ

季節を選ばず栽培可能

アブラナ科

原産地　地中海沿岸

収穫適期　春　夏　秋　冬

生育適温　10　15　20　25　30　35

栽培難易度　比較的簡単

Point!

葉を長く収穫したいなら花芽を摘んで、花を咲かせないように。

ゴマのような香りとピリッとした辛みで日本ではゴマノハグサ、クリーム色の花が咲区ことからキバナスズシロ、またハーブではロケットの名で知られるルッコラはイタリアの定番野菜。真夏と真冬以外は、1年を通して発芽するので周年栽培が可能です。そのため、同じコンテナで、数日間ずらしてタネをまけば長期間収穫可能に。

コツ1 タネまきの時期をずらす

収穫時期をずらして長く収穫。

コツのコツ 市販の土は野菜、ハーブの土を！

市販の土でスタートするなら、野菜、ハーブの土がベスト。

また、ダイコンなどのアブラナ科の野菜を育てた古土を再生して使う場合は、連作障害がでることもあるので1年以上休ませる方が無難でしょう。肥料はチッ素系の肥料を与えるようにしましょう。

Check!

- 長く収穫したいなら、タネまきは数日間ずらす。
- アブラムシに要注意。
- 花芽は早めに取る。

コツ2
初夏から梅雨はアブラムシに注意

初夏から梅雨の時期は害虫がつきやすいので対策を。アブラムシの対策には、コンテナの下に光るシートを敷くと予防できるとされています。

アオムシ等に葉を捕食されることもあるので、毎日こまめに観察することが大切。不燃紙などをコンテナにかぶせて防ぎましょう。キッチンで使用する水切り用のネットなどを使ってもいいでしょう。

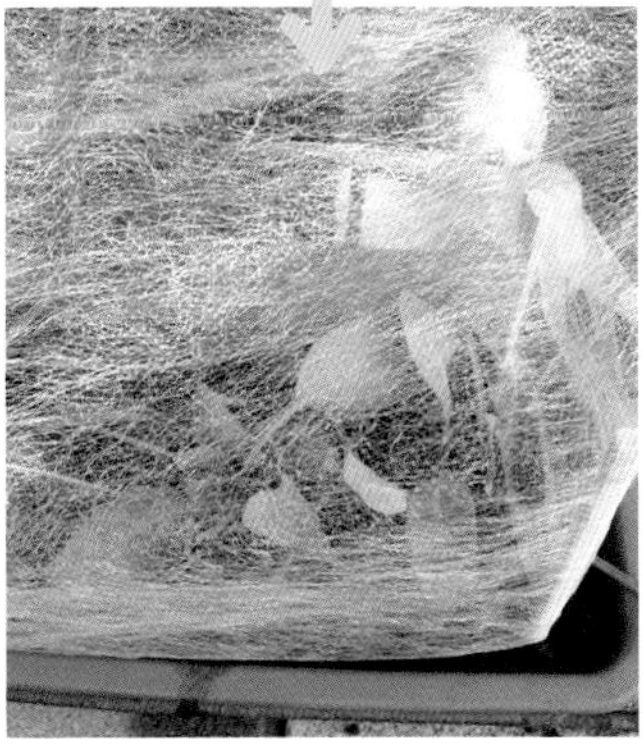

不燃紙や水切りネットをかぶせて防虫。

コツ3
夏場は遮光し、花芽は摘み取る

強い日差しのもとでは葉が固くなり、辛みと苦みが増してしまうので、夏場は遮光を行うことも大切。

とう立ちはさせないように、花芽をみたら摘み取るように管理しましょう。

✕ Bad!

花が咲くと葉が硬くなってしまう。葉を利用するなら、蕾や花は摘み取ることも忘れずに。

葉を食用にするなら花芽は摘み取る。

水 **乾いたらたっぷりと**

表土を乾燥したら、コンテナの底から水があふれるほどたっぷりと水をやります。

肥料 **定期的に追肥を**

成長に合わせて10日に1回を目安に追肥をしましょう。葉菜類なので、チッ素系肥料を施すとよいでしょう。

栽培

タネまき タネをまき、間引きながら育てる。

間引き 発芽後、密生しているところを間引き、間引いたものはサラダなどに利用。成長に合わせて追肥を。

病虫害 初夏から梅雨時期にかけて新芽を中心として葉や茎にアブラムシが発生することも。こまめに観察し、大発生する前に天然成分を使用した野菜用の殺虫スプレーなどでケアを。

収穫 食べる分だけハサミで葉を切りながら収穫。

59 ホウレンソウ

酸度調整でより育ちが良くなる

アカザ科

原産地　西南アジア

収穫適期　春　夏　秋　冬

生育適温　10　15　20　25　30　35

栽培難易度　難しい

Point!
品種が多いので、ベランダの条件に合うものを選びましょう。

コツ1

深めのコンテナで育てる

ホウレンソウは根が深く伸びる植物です。そのため、ベランダでは、深さがある大きめのコンテナか、袋を使って育てるといいでしょう。土は、酸性だと育ちが悪くなるため、タネまきの1週間ほど前に苦土石灰を混ぜ込み、pH6・2〜6・5のややアルカリ性に調整するようにしましょう。

ホウレンソウをタネから育てる場合は、品種により春まき、夏まき、秋まきがあります。初心者には、ホウレンソウが冷涼な気候を好む植物なので秋まきが育てやすいとされています。11〜1月に収穫したホウレンソウは、葉の色も濃く、甘みがアップするとされています。

Check!

- 生食にはアクの少ない品種を。
- 不燃紙などをかけて防虫対策を施す。
- まき時期をチェックしてから栽培する。

コツのコツ

ベビーリーフも楽しみたいなら

ホウレンソウのタネは、薬剤処理し人工着色されている場合があります。そのためベビーリーフも楽しみたいならベビーリーフ用のタネを選ぶ方が良いでしょう。

また、ホウレンソウは葉の先がとがっていて根が赤い「東洋種類」と、葉の先が丸く、根元の赤味が薄い「西洋種」の2種類があります。

コツ2 害虫対策もしっかりと行う

夏場はアブラムシ類やヨトウムシ類がつきやすくなるので、防虫ネットを。

✕ Bad!

ホウレンソウは密集すると、害虫がつきやすくなる。害虫の種類によっては葉裏に群がり葉の汁を吸うため株の生育が遅れる。また、害虫によっては各種の病気を媒介する。そのため、土にバラまくタイプの農薬で予防を。

コツ3 タネは水につけてから

ホウレンソウは休眠期があります。そのため、発芽しやすくするためにタネを、一晩水につけることをオススメします。こうすることで、タネの表面についている休眠物質を洗い流すことができ発芽を促すことができます。

また、水に入れた時に浮いてくるタネは充実していないため省くようにしましょう。コンテナ栽培に適したホウレンソウの品種には、病気に強い「アクセラ」、耐暑性・耐寒性がある「パレード」、アクが少ない「サラダほうれん草ボーノ」などが知られています。

東洋種	トウ立ちしやすく、秋まきが中心。
西洋種	トウ立ちの遅い品種が多い。
一代雑種	暑さに強い品種が多く、広く栽培されている。

水 表土が乾いたらたっぷり与える

発芽までは乾きすぎないように管理しますが、その後は表土が乾いたらたっぷり水を与える程度。日なたに置くと収量アップにつながります。

肥料 元肥が入った用土の場合はほどほどに

酸性土を嫌うホウレンソウは、肥料よりも酸度調整が大切です。成長が悪い場合は、石灰や草木灰で土の酸度の調整を。

栽培

タネまき ひと晩タネを水に浸けると発芽率がアップ。コンテナではスジまきか、バラまきがオススメ。薄く覆土し、発芽するまで乾燥させないように。

間引き 生育に合わせて、本葉が1～2枚の頃と、5～6枚の頃が目安。

防寒 秋まきは風よけをしたり、夜はビニール袋をかけたりするなどして防寒を。

収穫 株が大きくなりすぎると茎葉が硬くなるので注意。

ネギ類

コンテナでは葉ネギがオススメ

ユリ科

原産地	シベリア〜小アジア
収穫適期	春 夏 秋 冬
生育適温	10 15 20 25 30 35
栽培難易度	比較的簡単

Point!
スーパーなどで購入したネギの根元を土に植えても再生。

コツ1 コンテナでは葉ネギを！

ネギには玉状になる玉ネギや白い部分を利用する長ネギなどイロイロな種類があります。コンテナでは、青い葉を利用する葉ネギ、薬味ネギ、ハーブの一種チャイブがオススメです。

また、タネから育てる場合は、太陽の光を感じると発芽しない嫌光性種子なのでタネにはしっかり土をかぶせて発芽を待つようにしましょう。発芽後は、間引きながら育てるといいでしょう。

また、苗や食材として購入した根元の部分を利用するのも一案です。玉ネギを育てたい場合は「ペコロス」「ベビーオニオン」など小タマネギの品種がいいでしょう。

コツのコツ 枯らさないよう水やりに注意

長ネギなど、ネギ類の栽培法はどれも同じ。香りが強いので丈夫そうに思えますが、じつは水のやりすぎ、やり忘れなどで枯れるほか、植え替え時にもダメージを受けやすいので、注意が必要です。

Check!

- □ コンテナでは、青ネギや薬味ネギを！
- □ 再生野菜でもOK。
- □ 乾燥気味に管理する。

コツ2
長ネギは土を次足しながら育てる

関西ではネギは葉の緑の部分を使いますが、関東ではネギは根元の白い部分を利用するとか。

そのため、白い部分の多い長ネギを育てたい場合には、コンテナよりも袋を利用して育てることがオススメです。

大きめに袋を用意し、口を折り曲げ底に土を入れてから、苗などを植え付け、成長にしたがって土を足し育ったネギの根元を埋め、袋を伸ばしながら栽培することで白い部分のある長ネギに育てることが可能です。

ただし、水を与え過ぎてしまうとダメージを受けてしまうので水はほどほどに。

ネギボウズは美味しい

ネギを育てていると春先から夏にかけてネギボウズ(ネギの花)を見ることができる。

ネギは、タネを取ることがないなら、葉が硬くなるので花芽は切り落とす。

しかし、このネギの花(ネギボウズ)や、まだ薄い皮に覆われた蕾は、高級食材の一つとしても知られている。

天ぷら、炒め物、味噌汁やスープの具材としても楽しむことができる。

水　発芽までは土を乾かさないように

タネをまいてから発芽までは土を乾かさないよう心がけましょう。発芽した後は土の表面が乾いたらやるようにします。

肥料　生育期間が長いので肥料切れに注意

1カ月ほどたった頃から追肥を2週間に1回のペースで。生育期間が長いので、肥料切れに注意する必要があります。

栽培

タネまき ネギ類は、石灰等を混ぜ中性土壌に。太陽の光を感じると発芽が抑制されてしまうため、タネまき時は、ややしっかり覆土を。

間引き 成長に応じて間引き、株間が3～5㎝になるように。

病虫害 黒っぽいカビが発生しやすいので、見つけたら早めにその部分を切り取って捨てる。

収穫 株元を残してハサミで切り取ると再生する。

61

ニラ

冬の間に株分けして収穫量を増やす

ユリ科

原産地　中国

収穫適期　春　夏　秋　冬

生育適温　10　15　20　25　30　35

栽培難易度　比較的簡単

Point!

再生するので、ベランダはもちろん窓辺の水栽培にも。

コツ1 休眠期に株分けを

収穫量を増やしたいなら、葉が枯れ、株が休眠期に入った冬の間に株分けしましょう。

収穫量を増やす場合は、冬のあいだに株分けを。

コツ2 2~3株ずつに分ける

株分けは地上から根元4~5㎝で刈り取り、株の周りを大きく掘り上げるようにしてコンテナから出します。土を落とし、2~3株ずつにして、元肥を入れた新しいコンテナに植え付けましょう。

なお、ニラはトマトやナスのコンパニオンプランツとしても役立ちます。強い香りが害虫予防に効果的。

Check!

- 収穫量を増やす場合は、休眠期に入る冬に株分けする。
- 株分けする際は、刈り取ってから2~3株ずつに分ける。

水

表土が乾いたら、底からあふれるぐらいたっぷりと

肥料

草丈15㎝ほどになった時と収穫後に追肥を

栽培

タネまき 育てるコンテナに合わせて、バラまきかスジまきにする。

間引き 芽が出てきたら。細いので、ピンセットを使うと便利。

収穫 草丈20㎝が目安。

冬越し 葉が枯れてきたら株から切り取り、表土を覆う程度に堆肥か培養土をかぶせる。室内に入れる必要はない。

62 モロヘイヤ

悪条件でも栽培できる

シナノキ科

原産地　アフリカ

収穫適期　春　**夏**　秋　冬

生育適温　10　15　20　25　30　35（25～30）

栽培難易度　比較的簡単

生育旺盛で病虫害が少ない植物。ベランダでも簡単に育てられます。

コツ1 どんな場所でも栽培可能

タネからでも苗からでも育てることができます。基本的には日当たりを好む植物ですが半日陰でも育てることが可能です。

コツ2 繁茂しすぎる前に収穫を

生育適温は25～30℃と比較的高く、夏の暑い日差しの下でもスクスクと成長します。そのため、やや大きめのコンテナで育てることがオススメです。台風の前などで強風が心配な時は、事前に切り戻しが無難です。

MEMO

モロヘイヤのタネや、発芽して間もない苗には、有毒成分が含まれています。小さな子どもやペットが誤って口にしないよう、タネの管理には十分注意してください。

Check!

- タネには毒があるので絶対に口にしない。
- ベビーリーフも食べない方が無難。
- 生育期間が長いので追肥も忘れずに。

水
乾燥には強いが表土が乾いたらたっぷりと

肥料
コンテナ栽培は不足しやすいので追肥を

栽培

タネまき 発芽適温が28℃と高めなので、気候が暖かくなってから。

間引き 発芽して間もない苗にはタネと同じ毒があるので、食用不可。

摘心 草丈15㎝程度になったら主枝を摘み取り、側枝を伸ばす。摘み取った葉茎は料理に使える。

収穫 草丈40～50㎝になったら枝先ごと収穫。

63 スイスチャード

美しい色が特徴

アカザ科

原産地　ヨーロッパ

収穫適期　春　夏　秋　冬

生育適温　10　15　20　25　30　35

栽培難易度　比較的簡単

Point!

季節を問わず栽培できるので、日本ではフダンソウ（不断草）とも呼ばれています。

コツ1 カラフルなのでベランダの彩りに

赤、ピンク、コーラル、イエロー、オレンジなど葉柄と葉脈がカラフルで美しいのが特徴。スターターなら春まきよりも、秋まきの方が病虫害の心配なく育てることができます。

日当たりを好みますが、やや日陰のベランダでも育てることができます。ただし、やや日陰で育てる場合は水のやり過ぎに注意を。

コツ2 間引きながら育てる

発芽しやすいのでタネから育てることがオススメ。土を入れた大きめのコンテナにタネは筋まきか、バラまきで。発芽したら間引きながら育てましょう。柔らかい葉はベビーリーフとしても楽しめます。

Check!

- □ やや乾かし気味に管理する。
- □ 収穫は外側の葉をハサミでカット。

水

発芽後は控えめに乾燥気味に管理

肥料

元肥には養分をたっぷり、追肥も定期的に

栽培

タネまき スジまきかバラまき。タネはひと晩流水に浸けてからまくとよい。

植え付け 生育期中は日当たりの良い場所で。真夏に日当たりが強すぎる場合は、30～50%遮光する。

間引き 本葉2～3枚の頃を目安に株間を15～20㎝に。

収穫 間引きしながら収穫。

64 オカワカメ

緑のカーテンでも人気

ツルムラサキ科

原産地　熱帯アメリカまたは熱帯アジア

収穫適期　春　夏　秋　冬

生育適温　10 15 20 25 30 35

栽培難易度　比較的簡単

Point!
栄養たっぷりの植物。緑のカーテンにしても良い。

コツ1 病虫害にも強い

絶対に無農薬にこだわりたいなら方にはオススメ。葉と10月頃にできるムカゴを食べることができます。挿し木でも簡単に増やすことができますが、場所によっては爆発的な勢いで増えるため増やし過ぎないよう注意も必要。

コツ2 勢力旺盛なのでしっかりした支柱やネットを

かなり勢力旺盛な植物。そのため丈夫なネットや支柱をたて育てるようにしましょう。日陰でも十分育てることが可能です。

ミニ知識

オカワカメはアカザカズラ、雲南百薬、琉球百薬とも呼ばれるとても栄養価の高い野菜。日当たりを好み繁茂するので緑のカーテンにも向く。食べ方は生よりもサッと湯がくと臭みが消えて食べやすくなる。

Check!

- 園芸ネットなどを使って育てる。
- 緑のカーテンにも向く。
- 冬は休眠するが、夏にまた再生！

水　乾燥に強い。表土が乾いたらたっぷりと与える

肥料　チッ素系肥料を与える

栽培

タネまき　タネより苗を購入して育てる方が育てやすい。

肥料　大きく成長したら、チッ素系肥料を与える。

収穫　葉を摘み取り利用する。

冬越し　地上部が枯れたら、敷きわらなどで防寒して越冬を。多年草なので春になると芽吹く。

65 スイセンジナ

葉が美しい、挿し木で増やすことができる野菜

キク科

原産地　熱帯アジア

収穫適期　春　夏　秋　冬

生育適温　10　15　20　25　30　35

栽培難易度　比較的簡単

Point!
沖縄野菜（島野菜）として人気上昇中！

コツ1 水はたっぷり与える

スイゼンジナ（水前寺菜）は、キンジソウ、ハンダマなど様々な名前で知られている野菜で、沖縄料理ブームで人気が高まった島野菜のひとつ。半日陰でも育てることが可能。暑さに強く、乾燥にとても弱いので土は乾燥させないように注意も必要です。

温度差、寒暖の差が大きくなると、葉の裏側の赤紫の色がより鮮やかに発色します。

コツ2 防虫ネットを被せる

害虫に食害されやすいので、季節によっては防虫ネットを被せて育てるとよいでしょう。また、冬の寒さには弱いため、冬越しをさせるには早めに室内に切り替えることをオススメします。

Check!

- 増やす時は挿し木が一番。
- 暑さには強いが乾燥には弱い。

水　生育期間中はたっぷり与える

肥料　チッ素系肥料を追肥する

栽培

植え付け　苗を植え付け適期はゴールデンウィークの頃が目安。植え付け後はたっぷり水を与える。

収穫　草丈が20㎝程度になったら葉を収穫。その後、追肥をすることで成長を促すことができる。

繁殖　成長期に挿し木をすることで増やすことができる。

冬越し　寒くなる前に早めに室内に移動を。

66 グラパラリーフ

食べられる多肉植物としても有名

ベンケイソウ科

原産地	メキシコ
収穫適期	春 夏 秋 冬
生育適温	10 15 20 25 30 35
栽培難易度	比較的簡単

すべての多肉植物が食用になるワケでないので注意。

コツ1 水の与えすぎは注意

日本ではオボロヅキ（朧月）の名でも知られている多肉植物。そのため、多肉植物の土を使って育てることがオススメ。乾燥しやすいベランダはでも育てやすい植物のひとつです。

コツ2 繁殖力は旺盛

スーパーなどで購入した葉をそのままにしておけば、根や芽を出すほど繁殖力旺盛。育てたい場合は土の上に置けば根を伸ばし育っていきます。多肉植物としても楽しめます。

ミニ知識

グラパラリーフは、カルシウムをはじめ20種類以上のミネラル、ビタミン、アミノ酸などが含まれるスーパーフード。最近は、新野菜としてスーパーなどでも販売されている。

栽培のながれ

繁殖 葉を土に並べ、発根、発芽を待つ。

植え付け 発根したものを多肉植物の土に植える。植え付け後、すぐに水は与えない。

夏越し／冬越し 水は与えずに管理する。

収穫 株が育ったら、葉を摘み取りながら収穫する。

水 葉にシワが出たら与える

肥料 生育期に60日に一度程度

Check!

- 葉の付け根部分から新芽を出し、根を伸ばす。
- 水の与えすぎは要注意。
- 多肉植物用の土がベスト。

ベランダ菜園はクスリ箱

今では不調があると薬局に行き、症状にあったクスリを購入。しかし、昔はクスリがとても高価なものだったことから色々な民間療法が知られています。身近にある野菜を使ったものはたくさんあります。例えば「喉が痛い！」時には、薄切りにしたダイコンやショウガをハチミツにつけその汁を飲むあるいは、ネギの葉の中のトロミを飲むと良いとされています。また、「むくみ」が気になる時には、キュウリやスイカの絞り汁を飲む、うちみやねんざなどには冷やしたナスで湿布すると腫れが引くのだとか。その他にも、胃もたれの時にはキャベツを食べる、イライラした時にはタマネギを食べると鎮静効果があるなどとされています。どの程度の効果が期待できるかはわかりませんが、様々な研究が進むにつれ各種の野菜の成分が解析され医学的な裏付けも知られるようになってきています。

67-70

野菜を育てるⅢ
～地下部を食べる～

67 ジャガイモ

ベランダでは大きめの袋で育てる

	ナス科
原産地	南米アンデス高地、ペルー
収穫適期	春 **夏** **秋** 冬
生育適温	10 15 20 25 30 35
栽培難易度	比較的簡単

色々な種類のジャガイモを育ててみるのもオススメ。

コツ1 袋を使えば簡単に栽培できる!

「畑でなくては育てることが難しいのでは」と思われがちのジャガイモ。ベランダでは、大きめのコンテナに土を入れるか、市販の培養土の袋にそのまま植えることで育てることができます。

ジャガイモは秋植えて晩秋から冬に収穫するタイプと、春先に植えて初夏に収穫するタイプがありますが、一般的に育てやすいのは春先に植えるタイプです。

Good!

オススメの土は「ジャガイモの土」。ジャガイモがより育ちやすいように肥料などもブレンドされているのでそのまま使うことができる。病虫害が心配なら、土にばらまくタイプの薬剤を。

Check!

- □ 袋での栽培がオススメ。
- □ 病虫害が心配なら、土にばらまくタイプの薬剤を使用する。
- □ 花芽は早めに摘み取る。

コツのコツ 大袋を使えば各種のイモも栽培可能

ジャガイモに限らず、サツマイモ、サトイモ、ヤマイモなども袋を使うことでベランダでも育てることができます。

土袋、ゴミ袋、米袋を並べるのに抵抗があるなら、麻袋を被せたりするとスタイリッシュでエコな雰囲気を演出できます。

コツ2 色々な品種を楽しむなら苗を探す

最近はすぐに植えることができるジャガイモの苗も販売されています。

色々な種類の品種を育ててみたいなら、ホームセンターでジャガイモの苗を探すのがオススメです。

もちろんタネイモからも育てられますが、ひとつのタネイモからいくつかの芽が出るのでスペースがあまりないベランダではせっかくタネイモを購入しても余ってしまうことになります。

「シャドークィーン」「レッドクィーン」「シンシア」「インカのめざめ」など品種に注目するのもいいでしょう。

✕ Bad!

ジャガイモはナス科植物。そのため花後に小さな実をつけることもありますが、この実は毒性が強いため口にするのはNG。

連作障害とは

ジャガイモに限らず、同じ野菜（植物）や同じ科のものを同じ場所で育て続けていると、土の状態が悪くなったり、病害虫の発生が増えたりする障害のことです。

そのため、ベランダで大きめのコンテナやプランターなどを使って栽培している場合は、収穫後にそのまままた別の野菜や植物のタネをまいたり、苗を植えたりしたくなりがちですが、園芸書やネットなどで調べて同じ科の植物には注意しましょう。ちなみに、植物で使われて「科」とは分類学で使われている用語で、同じ性質を持つ仲間のことを言います。

そのため「野菜を植えていたら、次は草花なら大丈夫」とではなく、ナス科を育てたから、次はアブラナ科やウリ科にしようと考えるようにしましょう。

ジャガイモの花

水 生育期は控えめに

土が乾いたらたっぷりと。草丈20㎝程度になって花が咲く頃には地下茎の先端にイモができます。この時期に水をやりすぎるとイモが腐ってしまうので、この時期は控えめに。

肥料 チッ素肥料を与えすぎると葉ばかり茂るので注意

上手に育てたいなら、ジャガイモ専用の肥料がベスト！

栽培

植え付け タネイモを購入し、縦に切り、切り口を1週間ほど乾かしてから。芽を切らないよう注意。

芽かき 本葉2～3枚の頃に、丈夫そうな芽を2～3本残すようにする。

病虫害 梅雨期から7月頃に病害虫の被害が出やすいので対策を。ウイルス病は見つけたらすぐに抜き捨てて。

収穫 気温が高くなり、茎葉が黄色くなった頃。収穫後は表面が乾くまで日陰で保存を。

68 ダイコン

ミニダイコンなど小さなサイズのものを！

アブラナ科

原産地　中国北部、中央アジアなど諸説あり

収穫適期　春　夏　秋　冬

生育適温　10　15　20　25　30　35

栽培難易度　難しい

Point!
大型ではなくサイズが小ぶりのミニダイコンがオススメ。

コツ1 ベランダではミニダイコンを！

コンテナでダイコンを育てたいなら、大型のダイコンではなく20㎝程度のミニダイコンを選ぶようにしましょう。ベランダ菜園やコンテナでも育てやすい品種のタネも数多く売られています。また白色のものだけでなく、赤色のダイコンもあります。スターターの方は、栽培期間が短いハツカダイコン系がよいでしょう。

Good!

ダイコンが二股になったりするのは成長時に小石などがあるため。そのため、キレイな形のダイコンを作りたいなら、土は一度ふるいにかけると良い。また、タネまき用や芽出し用の土を使う方法もある。

Check!

- 水は鉢底から流れ出るまでたっぷりと。
- カリ成分の多い追肥を与える。
- 成長に応じて間引きしながら育てる。

コツのコツ 大きなサイズを育てるならコンテナの深さをチェック

「大型ダイコンを育てたい！」という場合には、深さ60㎝以上の大型のコンテナを用意するか、土袋などでの栽培がオススメ。袋の大きさにもよるが、ひとつの袋では3本を目安に。

コツ2 成長に合わせて間引きを

発芽後、双葉が開いたら、隣の葉にぶつからないように間引きます。その後、本葉が2～3枚の頃に左右前後の葉がぶつからない程度まで間引き、さらに本葉が茂り出す前に品種に合わせた株間に。

発芽したら一度間引く。

成長に合わせ、適性株間になるまで間引く。

間引きしたものはベビーリーフに。

コツ3 とう立ちに注意を！

とう立ちとは、花が咲くための準備をすること。花を楽しみたい場合はいいのですが、ダイコンに限らず葉菜類などでは味が落ちてしまうので注意したい現象のひとつです。

特にダイコンでは、とう立ちしてしまうとダイコンが硬くなってしまうので、ダイコンが土から盛り上がってきたら早めに収穫することがオススメです。収穫量が多く、食べきれない場合はドライフードメーカーなどで干し大根にするのも一案。

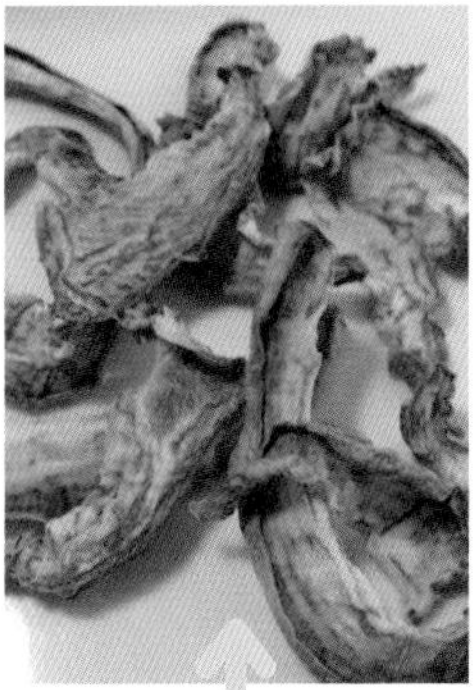

赤系ダイコンを干したもの

水　成長中は特にたっぷりと

乾燥を嫌うので、土の表面が乾いたら水やりを。成長中は水分をよく吸収するため、土の表面が乾いたら底から水が流れ出るまで与えましょう。ただし、やりすぎは腐りやすくなるので注意。

肥料　肥料切れにならないよう定期的に追肥

化成肥料なら2週間に1回、液肥なら1週間に1回を目安に追肥します。

栽培

タネまき 移植しないで間引きしながら育てるのが基本。そのため、スジまきか、バラまきにします。タネをまいた後は乾かさないように管理を。

病虫害 アブラムシ等がつかないように、日々の観察を。もし発生したら、初期なら牛乳などを噴霧。大量発生したら迷わずに農薬散布を。

間引き 成長に合わせて間引きをし、株間を10㎝程度に調整する。

収穫 ダイコンが土から盛り上がってきた頃。

ニンニク

各種の野菜のコンパニオンプランツにも！

ユリ科

原産地　西アジア地中海沿岸

収穫適期　春　夏　秋　冬

生育適温　10　15　20　25　30　35

栽培難易度　比較的簡単

Point!

タネ球か、苗から育てるようにしましょう！

コツ1

コンテナの大きさを見極める

ニンニクに限らず、土の下に収穫物でできるものを育てる場合には、できるだけ深さがあり大きめのコンテナを用意することがオススメ。品種にもよりますが、袋栽培の方が育てやすい場合もあります。

深さがあるコンテナで株間を開けて育てる。

Bad!

植え付け用のニンニクは、ホームセンターや園芸店で購入を。丸ニンニク以外は、球のままではなく、ひとかけらずつ植える。

コツのコツ

失敗なく育てるには品種選びを

ニンニクには、寒さに強い品種と、温暖な気候でも育てやすい品種があります。ベランダの環境に合わせて購入を。また、堆肥が多いバラ用の土に、水はけのよい多肉植物の土を混ぜると育てやすい土になります。

Check!

- 深さのあるコンテナで育てる。
- タネ球か、苗を植え付けて育てる。
- 休眠中は肥料を与えない。

コツ2 ウィルス病に注意

ニンニクの植え付けは秋。しかし、地球温暖化の影響で10月でもまだ半袖で過ごせる時には、ウィルス病予防のためにも少し肌寒くなってから植え付けるといいでしょう。しかし、冬になってしまうと根の張りが悪くなるので11月までには植える方がいいでしょう。

また、植え付け後、台風などの影響でコンテナ内が湿り過ぎないように、雨のかからない場所で管理することをオススメします。

ミニ知識

ニンニクの芽は、花が咲く前に伸びる茎。開花前に収穫すれば、美味しく利用することができる。

ニンニクは、コンパニオンプランツの代表！

ニンニクを他の植物と共に植えることで、害虫予防に効果的だとされています。なかでも、ニンニク独特の匂いが、アブラムシやネキリムシなどの害虫を遠ざけることができる他、植えることで土の状況を整えるとされ連作障害の予防になるとされています。

また、野菜などでは味や香りがよくなるものもあるとされています。特に相性が良いものは、イチゴ、キュウリ、ナス、トマトなどです。しかし、ダイコンをはじめとするアブラナ科の植物やマメ科植物との相性はあまり良くないとされていますので注意を。

水 乾かし気味に

植え付け後と成長期はたっぷり与える。冬場の休眠中は水は控える。

肥料 あまり必要ない

一般的な培養土や野菜の土を使う場合は、植え付け時には必要なし。春先に追肥を与えるが、チッ素成分は少なめのものを。

栽培

植え付け キッチンにあるものではなく、タネ球か苗で植え付ける。植え付け時期は残暑が過ぎた頃がベスト。

水やり 発芽するまでは、土を乾かさないようにする。冬場は水を控える。

病虫害 植え付け後と成長期の高温多湿時に、糸状菌（カビ）の一種に注意。発見したら殺菌剤の撒布を。

収穫 花芽を見たら摘み取るように管理し、葉が全体に黄色くなり枯れたら収穫する。

ニンジン

深さのあるコンテナを使い、タネのまき方に注意する

	セリ科
原産地	中央アジア
収穫適期	春 夏 秋 冬
生育適温	10 15 20 25 30 35
栽培難易度	やや難しい

Point!

普通のニンジンも、ミニニンジンも、深さのあるコンテナで栽培しましょう。

コツ1 直まきにして土は薄くかぶせる

発芽適温は15～20℃。春まきは地温が高くなってから、夏まきは地温が高くなりすぎる前にタネまきを。好光性種子なので、土はパラパラと薄くかぶせる程度に。発芽が揃うまで乾かさないように管理することがポイントになります。

タネは光に当たらないと発芽しない。

× Bad!

セリ科植物の多くや根菜類は移植を嫌う。そのため、タネはコンテナやプランターにスジまきか点まきし、間引きながら育てるとよい。

Check!

- □ タネは直まきにして、土は薄くかぶせる。
- □ 間引きは本葉が４枚くらいになってから。
- □ リン酸肥料で色良く育つ。

コツのコツ コンテナではミニニンジンを

コンテナでは、可愛いミニニンジンを育てることがオススメ。ソーセージ型の「ベビーキャロット」や「カージナルフレッシー」、丸い形の「パックン丸」、育てやすい「ピッコロ」など品種も様々ありタネまき後70日ぐらいで収穫できます。

また、レースフラワーのような美しい花が咲きます。

コツ2

乾燥、温度差に注意

ニンジンはタネをまいたら、水やりを忘れて土は乾燥させないように注意を。これは、ニンジンは土の急な乾燥などに環境変化で根が割れ二股になってしまうからです。

また、ニンジンは競争しながら育つ植物だとされていますので間引きは本葉が数枚でた頃がベスト。

✕ Bad!

発芽後すぐの間引きは避けるのが無難。逆に間引きが遅れると根の肥大が遅れるほか、根形が乱れることもあるので注意。

ミニ知識

葉をつけたままだと養分が失われやすいので、茎葉を切り落とし、新聞紙にくるんで保存。ニンジンの葉は栄養価が高くジュースやスープ、炒め物などの料理などで利用できる。

発芽条件について

タネは植物が休眠するための方法のひとつ。そのため、発芽させるためには、その植物にあった発芽条件が必要。

例えば、ニンジンのタネの場合は好光性種子と呼ばれ、太陽の光をタネが感知しないと芽を出すことができません。そのためタネまき後の土はパラパラとかける程度でOK。

しかし、ダイコンやカボチャなどの嫌光性種子は太陽の光を感じると芽を出すことができないため、しっかり土を被せるようにします。

もちろん、発芽には発芽適温を守ることも大切でので、タネ袋に書いてあるまきどきを意識するようにしましょう。

水

タネまき後は乾燥させないようにする

タネまき後は乾燥させないようにすることが発芽率を高めるコツ。

肥料

間引きの際に追肥を施す

元肥はやや多めに。肥料切れにならないよう追肥は定期的に行う。美しい色のニンジンの育てたいなら、リン酸系肥料を多めに与える。

栽培

タネまき 移植すると又根になる場合があるので直まきにし、スジまきか点まきに。発芽が揃うまで水やりをまめに行い、乾燥させないように。

間引き 本葉が数枚出るごとに行い、葉を大きく育てる。

病虫害 アブラムシやキアゲハの幼虫などの害虫、うどんこ病などに注意。見つけたらすぐに薬剤で対処する。

収穫 太くなったものから収穫を。

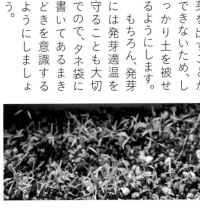

COLUMN

ベランダ菜園で五感を刺激する

野菜なんか自分で育てるより、買ってくる方が安い！　さらに品質だっていい！と言う人もいます。しかし、ベランダ菜園に限らず園芸は、人の五感を刺激しヒーリング効果が高いとされ、窓辺やベランダなどで育てる小さな一鉢でもその効果は十分あります。それは、植物を育てることで、美しい植物の色が「視覚」、風に揺れる植物の音が「聴覚」、植物の香りが「嗅覚」。収穫時はもちろん、植物の手ざわりが「触覚」、そして収穫した野菜などを味わうことで「味覚」が刺激することができるからです。また、植物の成長に触れることで、自然と生命との関わりを感じることができ、季節感や時間の感覚の刺激にも役立ち傷ついてしまった心を癒すことにもつながるとされています。

資料編

ベランダ菜園を彩る植物と役立つアイテム

タイム

シソ科／愛らしい花も魅力的なハーブ。タネや苗から育てることができる。日当たりの良い場所で、水はけの良い土で育てることがポイント。市販の土では、ハーブの土、多肉植物用の土などがオススメ。葉を収穫し、ハーブティーや各種料理に向く。品種により香りや味が異なる。

ブルーマロウ

アオイ科／和名はウスベニアオイ。その名の通り美しい薄紅色の花が魅力のハーブ。タネよりも苗からの方が育てやすい。大きく成長するので、大型コンテナを使用する。日当たりが良い場所を好む。ハーブティーでは花を利用するが、若葉はソテーなどで食べることもできる。

ジャーマンカモミール

キク科／リンゴに似た香りがすることから「大地のリンゴ」とも呼ばれるハーブ。タネからでも苗からでも育てることができる。購入苗の場合は、株元をよく見て複数の場合は、1本、1本にして植え直すことが上手に育てるポイント。梅雨前に切り戻せば初夏も楽しむことができる。

ウチワサボテン

サボテン科／日本では「オプンティア」「仙人サボテン」「ノパレス」と呼ばれるものが食用となる。乾燥しやすいベランダ、水やりを忘れてしまいがちな方向きの素材。育て方によっては大型になる場合も。食べる時はトゲをとってから、皮をむいて調理する。

アロエベラ

アロエ科/通常のアロエは苦味があるが、アロエベラは苦味もなく皮をむくとジューシーなゼリー状の葉肉を食べることができる。乾燥しやすいベランダ、水やりを忘れがちな方向きの素材。寒さの厳しいベランダでは冬場は室内管理に切り替える方が無難。

ブルーベリー

ツツジ科/野菜系ばかりだと短調になりがちなベランダですが、ブルーベリーなどのプラスするのもオススメです。ただし、ブルーベリーは基本的に自家不和合性のため別々の品種同士で受粉させなければ実りません。そのため、同じ系統の違う品種を側に置くことも忘れずに。

サンショ

ミカン科/半日陰のベランダでも育てることができる。独特の葉の香りが特徴で日本のハーブともされている。しかし、この葉の香りを好むチョウが葉にタマゴを産み付けると、その幼虫が葉を食害する。そのため、防虫ネットなどで覆って栽培することも忘れずに。

各種キノコ類

ベランダの状況が日陰になっているなど、すこぶる悪く、野菜やハーブなどが栽培しにくい場合はキノコ類に目を向けてみるのもいい。ホームセンターなどで栽培セットも販売されている。ただし、乾燥には弱いので水の補給は忘れずに。

各種の用土

スペースにもよるが大規模でない場合は、市販の培養土がオススメ。ホームセンターに行けば、各種の土や肥料などが使いやすいように混ぜまれた培養土がある。育てたい植物が決まっているなら植物に合わせたものを選べば手軽にスタートできる。

各種の肥料

育てたい植物が決まっているなら、その植物名が書かれている「○○の肥料」を。使い方は説明書の記載に従う。多く与えれば効果があると思いがちだが、与え過ぎは植物の根を痛めたり、害虫を増やすことにつながるのでほどほどに使用すること。

各種の薬剤

安全と安心のために無農薬にこだわりたい気持ちはわかるが、集合住宅のベランダでは近所への配慮も考え対処を。コンテナ栽培では土にバラまくタイプの薬剤が便利。また、とりあえず１本用意したいなら殺菌殺虫剤が便利。

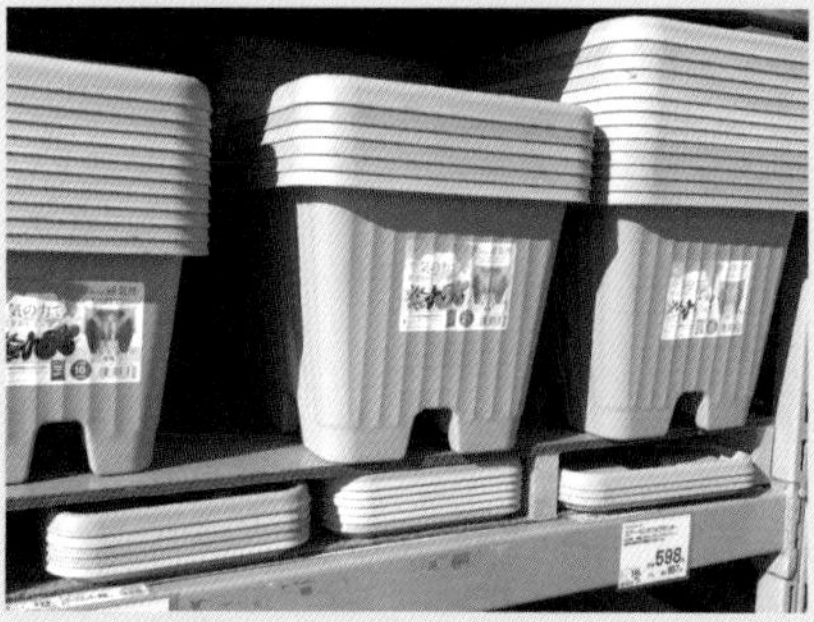

各種のコンテナ

コンテナとは各種の鉢を含む、植物を育てる容器のこと。ベランダの環境や状況にもよりますがテラコッタや素焼きなど重たい鉢よりも、プラスチック素材鉢（プラ鉢）がオススメ。また、最近は野菜作りに便利な支柱などを差し込める穴があるものも。

各種のネット類

ベランダの環境を整えるために、園芸ネットや鳥よけネット、寒冷紗などはあると便利。その他季節によっては、害虫を防除するためのネットなどもあるとよい。100円アイテムなどでも探すことができる。

各種の誘引道具

植物の成長に合わせて支柱やネットに誘引するために必要。結束バンド、麻紐、誘引クリップなども便利。写真のようなワイヤーはその場でカットできて便利。台風の前など、各種のネットをさらに固定する場合にも使える。

各種のハサミなど

収穫、剪定などにハサミは必須。園芸用のハサミでなくても、キッチンバサミなども便利に使うことができる。また、ペットボトルを用いてコンテナを作ったり、鉢カバーなどを作りたいと考えているならリサイクルバサミがあると作業がラクに。

各種のガーデンアイテム、雑貨、小物など

コンテナと植物に、各種のガーデンアイテムや小物をプラスすることでより自分らしいベランダガーデンが演出できる。コンテナ用のピックをはじめ、アンティーク加工された各種のバスケット、ラックなどもオススメ。ただし、屋外で使用するため防水加工のチェックも。

【著者】ふじえりこ（グリーンアドバイザー／植物愛好家）
園芸科を卒業後、ハーブコーディネーター、愛玩動物飼養管理士（１級）、産業安全保険エキスパート、健康管理能力検定（１級）などの各種資格を習得。園芸植木の相談員、理科支援員、園芸講師として活動しながら、『とびきりおいしい野菜の作り方（ブティック社）』の監修執筆、『多肉植物の育て方、楽しみ方（コスミック出版）』『はじめての多肉植物（ナツメ社）』等の園芸編集ライター。2011年発行『ベランダ菜園おいしい／野菜づくりのポイント７０』は翻訳版もある。植物文様研究家藤依里子として多数著書あり。連絡先：saita99@aol.com

■ 撮影協力：稲葉資郎、ふじえりこ
■ 取材協力：トキタ種苗株式会社、ソフト・シリカ株式会社
■ 構成：有限会社イー・プランニング
■ 本文デザイン：田辺智子
■ DTP：古川隆士、大野佳恵

ベランダで楽しむ！
おいしいコンテナ野菜づくり 成功のポイント70

2020年６月５日　第１版・第１刷発行

著　者　ふじえりこ
発行者　株式会社メイツユニバーサルコンテンツ
（旧社名：メイツ出版株式会社）
代表者　三渡　治
〒102-0093　東京都千代田区平河町一丁目1-8
TEL：03-5276-3050（編集・営業）
03-5276-3052（注文専用）
FAX：03-5276-3105
印　刷　三松堂印刷株式会社

ご意見・ご感想はホームページから承っております。
ウェブサイト　https://www.mates-publishing.co.jp/

編集長：折居かおる　副編集長：堀明研斗　企画担当：折居かおる

※本書は2011年発行の『もっと楽しく！本格的に！　ベランダ菜園　おいしい野菜づくりのポイント70』を元に加筆・修正を行っています。